水利水电工程
标准施工招标文件

技术标准和要求（合同技术条款）

（2009年版）

中华人民共和国水利部

图书在版编目（CIP）数据

水利水电工程标准施工招标文件技术标准和要求：2009年版. 合同技术条款 / 中华人民共和国水利部编. -- 北京：中国水利水电出版社，2010.2
 ISBN 978-7-5084-7233-1

Ⅰ.①水… Ⅱ.①中… Ⅲ.①水利工程－工程施工－招标－文件－中国②水力发电工程－工程施工－招标－文件－中国 Ⅳ.①TV512

中国版本图书馆CIP数据核字(2010)第024921号

书　　名	**水利水电工程标准施工招标文件技术标准和要求（合同技术条款）(2009年版)**
作　　者	中华人民共和国水利部
出版发行	中国水利水电出版社 （北京市海淀区玉渊潭南路1号D座　100038） 网址：www.waterpub.com.cn E-mail: sales@waterpub.com.cn 电话：(010) 68367658（营销中心）
经　　售	北京科水图书销售中心（零售） 电话：(010) 88383994、63202643 全国各地新华书店和相关出版物销售网点
排　　版	中国水利水电出版社微机排版中心
印　　刷	北京市兴怀印刷厂
规　　格	184mm×260mm　16开本　12.5印张　296千字
版　　次	2010年2月第1版　2010年4月第2次印刷
印　　数	5001—15000 册
定　　价	**45.00元**

凡购买我社图书，如有缺页、倒页、脱页的，本社营销中心负责调换

版权所有·侵权必究

水 利 部
《关于印发水利水电工程标准施工招标资格预审文件和水利水电工程标准施工招标文件的通知》

水建管〔2009〕629号

部直属各单位，各省、自治区、直辖市水利（水务）厅（局），各计划单列市水利（水务）局，新疆生产建设兵团水利局，各有关单位：

  为加强水利水电工程施工招标管理，规范资格预审文件和招标文件编制工作，在国家发展和改革委员会等九部委联合编制的《标准施工招标资格预审文件》和《标准施工招标文件》（以下简称《标准文件》）基础上，结合水利水电工程特点和行业管理需要，我部组织编制了《水利水电工程标准施工招标资格预审文件》（2009年版）和《水利水电工程标准施工招标文件》（2009年版）（以下简称《水利水电工程标准文件》），现予发布，并就有关事项通知如下：

  一、凡列入国家或地方投资计划的大中型水利水电工程使用《水利水电工程标准文件》，小型水利水电工程可参照使用。

  二、《水利水电工程标准文件》发布后，2000年2月颁发的《水利水电工程施工合同和招标文件示范文本》（GF—2000—0208）同时废止，之前根据《水利水电工程施工合同和招标文件示范文本》（GF—2000—0208）完成招标工作的项目仍按原合同条款执行。

  三、《水利水电工程标准文件》是《标准文件》在水利水电工程应用上的补充和细化，上述文件应结合使用，二者相同条款号若内容不一致时，采用《水利水电工程标准文件》。

  四、《水利水电工程标准施工招标资格预审文件》中的"申请人须知"（申请人须知前附表及附件格式除外）、"资格审查办法"（资格审查办法前附表及附件格式除外），以及《水利水电工程标准施工招标文件》中的"投标人须知"（投标人须知前附表及附件格式除外）、"评标办法"（评标办法前附表及附件格式除外）、"通用合同条款"，应不加修改地引用。

《水利水电工程标准文件》中的其他内容，供招标人参考。

五、"申请人须知前附表"和"投标人须知前附表"用于进一步明确"申请人须知"和"投标人须知"正文中的未尽事宜，招标人应结合招标项目具体特点和实际需要编制和填写，但不得与"申请人须知"和"投标人须知"正文内容相抵触，否则抵触内容无效。

六、"资格审查办法前附表"和"评标办法前附表"用于进一步补充、明确资格审查和评标的因素、标准。招标人应根据招标项目具体特点和实际需要，详细列明正文之外的审查或评审因素、标准，没有列明的因素和标准不得作为资格审查或评标的依据。

七、"专用合同条款"可根据招标项目的具体特点和实际需要，按其条款编号和内容对"通用合同条款"进行补充、细化，但除"通用合同条款"明确"专用合同条款"可作出不同约定外，补充和细化的内容不得与通用合同条款规定相抵触，不得违反法律、法规和行业规章的有关规定和平等、自愿、公平和诚实信用原则。

八、"技术标准和要求（合同技术条款）"是参考性的文本，招标人可根据工程项目的具体需要进行修改，但应注意与"通用合同条款"、"专用合同条款"以及"工程量清单"的衔接。

九、《水利水电工程标准文件》中须不加修改引用的内容，若确因工程的特殊条件需要改动时，应按项目的隶属关系报项目主管部门批准。

十、《水利水电工程标准文件》由水利部负责解释。

十一、《水利水电工程标准文件》自 2010 年 2 月 1 日起施行。

附件：1.《水利水电工程标准施工招标资格预审文件》
2.《水利水电工程标准施工招标文件》

二〇〇九年十二月二十九日

本标准文件批准部门：中华人民共和国水利部
本标准文件主持机构：水利部建设与管理司
本标准文件解释单位：水利部建设与管理司
本标准文件主编单位：中国水电顾问集团华东勘测设计研究院
　　　　　　　　　　中水淮河规划设计研究有限公司（水利部淮河水利委员会规划设计研究院）
本标准文件参编单位：安徽安兆工程技术咨询服务有限公司
　　　　　　　　　　中水淮河安徽恒信工程咨询有限公司

审　　　　定：孙继昌　孙献忠　骆　涛　韦志立
审　　　　核：曹克明　张宗亮　杜雷功　赵东晓
主　　　　编：陈纪伦　唐　涛
副　主　　编：程向东　何建新
主要编写人员：赵美娟　钱瑶娟　何建新　李学前　徐　永　喻建清
　　　　　　　吴荣民　陈中华　伍宛生　江瑞勇　韩　新
参加编写人员：（以姓氏笔画为序）

于彦博	牛世予	王玉洁	王　宇	王远亮	王国进
王挽君	包银鸿	邓加林	刘大军	危贤光	吕联亚
孙　峰	孙彬蔚	孙鸿儒	成　银	江金章	宋兆光
宋崇能	张云生	张玉良	时雷鸣	李开运	李仕奇
李立年	李学前	李延芳	李治平	李　青	杨世源
杨　松	汪云祥	汪亚超	汪　洋	邱绍平	邹　青
闵家驹	陈大伟	陈　江	陈宏友	陈维栋	罗文强
姜中见	赵士正	赵花城	骆育真	倪大银	夏可风
席建国	徐蒯东	秦小桥	诸葛睿鉴	黄慧民	董　标
廖福流	管宪伟	潘秀云	魏寿松		

编 制 说 明

一、修订合同技术条款的目的

(1) 2000 年颁发的《水利水电工程施工合同和招标文件示范文本下册"技术条款"》(GF—2000—0208)（以下简称原范本）实施 10 年来，已在水利水电工程建设领域广泛应用。它对水利水电工程的施工招标、工程合同管理以及施工质量控制起到了良好的作用。不少建设、设计、监理、施工和科研等单位在工程招投标、建设管理和施工实践过程中，对原范本有关内容提出了不少改进意见。因此，需要对原范本的内容进行更新完善。

(2) 随着我国建设管理体制的改革、科学技术进步、施工装备水平的提高、国外先进技术的引进，以及我国很多大中型水利水电工程的建设和投入运行，积累了极其丰富的施工技术经验，提供了新的科学数据。再加上近几年来，原颁布的许多国家与行业标准及规程规范的修订再版，迫切需要更新原范本的技术条款内容，以适应当前水利水电工程建设发展的需要。

(3)《水利水电工程标准施工招标文件技术标准和要求（合同技术条款）》（2009 年版）（以下简称新技术条款）将原范本技术条款第 1 章分解为"一般规定"、"施工临时设施"、"施工安全措施"、"环境保护和水土保持"四章。第 1 章"一般规定"除具体划分发包人和承包人各自的工作责任外，还详细说明发包人进行合同管理的工作内容、工程验收程序和合同的计量支付规则；第 2 章"施工临时设施"说明发包人与承包人对建设施工临时设施的分工，以及施工临时设施的工作内容；第 3 章"施工安全措施"提出承包人应承担的施工安全责任和应采取的安全措施；第 4 章"环境保护和水土保持"强调承包人应遵守的国家法律、法规，以及要求承包人采取的环境保护和水土保持措施；第 5～24 章则按专业工程的施工顺序和不同的施工技术内容，以大型水利水电工程各类建筑物的施工为基本目标，并按各专业工程技术独立成章的方式，根据国家与行业新颁布的标准及规程规范，修编各章的施工技术内容。

(4) 施工招标文件的主要任务是根据国家法律法规确立的公开、公正、公平和诚实信用原则，制定招投标的工作规则，以及约定合同双方的责任、权利和义务。而技术条款则是针对具体工程项目，将合同双方的责任、权利和义务延伸为实物操作内容，通过指导招标文件编制人员对技术标准的引用。新技术条款旨在指导工程项目编制好安全、经济的项目实物标准，通过合同约定的支付规则以及施工监理，以期有效地按合同要求进行监督管理，确保工程的质量和安全。

二、技术条款在施工合同中的功能

(1) 新技术条款不是技术标准，不能直接作为技术标准使用。新技术条款是编制者编写合同技术条款时参考使用的编制范例。新技术条款的主要作用是指导编制者根据国家的法律法规，以及国家和行业颁布的技术标准和规程规范，编写出符合工程项目施工要求的合同技术条款。

(2) 编入施工合同的技术条款是构成施工合同的重要组成部分，施工合同条款划清发包人和承包人双方在合同中各自的责任、权利和义务，而技术条款则是双方责任、权利和义务在工程施工中的具体工作内容，也是合同责任、权利和义务在工程安全和质量管理等实物操作领域的具体延伸。技术条款是发包人委托监理人进行合同管理的实物标准，也是发包人和监理人在工程施工过程中实施进度、质量和费用控制的操作程序和方法。

（3）技术条款是投标人进行投标报价和发包人进行合同支付的实物依据。投标人应按合同进度要求和技术条款规定的质量标准，根据自身的施工能力和水平，参照相关定额，计算投标价。中标后，承包人应根据合同约定和技术条款的规定组织工程施工。在施工过程中，发包人和监理人则应根据技术条款规定的质量标准进行检查和验收，并按计量和支付条款的约定支付。

（4）由于水利水电工程不同项目的建筑物差异较大，其特殊性远大于共性，建筑物结构的标准化程度不高，即使有了通用性的新技术条款，也仍需针对具体工程项目的特点和要求进行大量修改和补充，才能满足项目的施工要求。

三、技术条款的编制结构模式

（1）新技术条款是针对发包人将整个工程的施工作业交由一个承包人进行总承包的模式编写的。若发包人根据其建设管理和招投标工作安排的需要进行分标时，则应由编制单位针对各分标项目的承包内容，参照本技术条款的格式和内容，另行编制各分标项目的技术条款。由于各工程项目的发包人对项目分标及其工作内容的安排差异较大，本技术条款不对其分标方法及其合同界面的处理作专门叙述。

（2）新技术条款的内容是以大中型水利水电工程为施工对象，按土石方明挖和洞挖、土石方填筑、混凝土生产和施工、河道疏浚、基础处理和防渗、屋面和地面建筑工程、钢结构建筑物的制作和安装、金属结构和机电设备安装、建筑物安全监测等专业工程技术为构架编写成章的。编制单位在使用新技术条款时，应针对工程项目的特点和各项具体建筑物的施工工序和工艺要求进行增删、修改和补充。需要时可自行编列章节。

（3）新技术条款的内容，除已包含了全部土建工程的施工技术外，还编入了"压力钢管的制造和安装"、"钢结构的制作和安装"、"闸门及启闭机的安装"以及"机电设备安装"等水利水电工程金属结构的制作安装和机电设备安装的基本内容，以适应工程总承包合同技术条款编制框架的需要。若发包人根据工程的具体情况或为有利于招标工作计划的安排，欲将其中某项制造或安装工程进行单项招标时，可修改和调整技术条款内容，划清土建承包人和制造安装承包人各自的承包责任，并在各承包合同中分别写明双方相互提供的条件和监理人的协调工作内容。

（4）针对土建工程施工中需要多次交叉埋设与施工的永久观测仪器设备，以及某些布设在土建工程建筑物中的小型或零星的永久设备过多的情况，为避免出现过多的合同接口，减少相互干扰，新技术条款将上述这些永久设备的采购和安装包括在工程总承包合同范围内。若发包人将其单独招标，可修改和调整技术条款内容，并在两个合同中分别写明发包人和承包人各自的合同责任以及相互提供的条件。

（5）由于设计深度的原因，设计人早期提出的建筑装修设计很难达到发包人（或运行单位）要求的装修效果。吸取以往工程经验，为避免事后发包人（或运行单位）对前期的装修不满意而重新返工，浪费资源。为此，新技术条款第18章"屋面和地面建筑工程"的装修工作仅为满足工程建筑物前期运行的需要，仅先做好设备安装时必不可少的装修。根据项目具体情况，发包人可在本合同土建工程即将全部完工前，由发包人委托设计人按整体环境规划的要求，参考建筑行业的标准和规程规范，编制全面装修的招标文件，另行招标。

（6）编制工程项目的技术条款时，应针对每章的专业工程技术条款，对应工程量清单所列的工程项目和合同图纸，补充编列各项建筑物的具体施工技术要求，列出工程量清单、技术条款和合同图纸相衔接对应的计量支付条目。

四、合同技术条款与引用标准的关系

（1）新技术条款所采用的工程等级、防洪标准、施工验收与安全鉴定标准、工程施工和设备安装技术要求，以及材料和工艺的质量标准等条款内容，均引自国家或行业颁发的标准和规程规范，以及标准化协会颁发的以下规范系列：

1）GB：中华人民共和国国家标准，由中华人民共和国建设部与国家质量监督检验检疫总局联合发布。

2）SL：中华人民共和国水利行业标准，由中华人民共和国水利部发布。

3）DL：中华人民共和国电力行业标准，由中华人民共和国国家发展和改革委员会发布，或由中华人民共和国原国家经济贸易委员会发布。

4）SDJ：中华人民共和国水利电力行业标准，由原水利电力部发布。

5）CECS：中国工程建设标准化协会标准，由中国工程建设标准化协会发布。

6）JGJ：建筑工业行标，由中华人民共和国住房与城乡建设部发布。

7）JG：建筑工业行标，由中华人民共和国住房与城乡建设部发布。

8）HJ：国家环境保护行业标准，由环境保护部发布。

9）JC：中华人民共和国建材行标，由中华人民共和国国家发展和改革委员会发布。

10）YD：通信行业标准，由中华人民共和国信息产业部发布。

（2）在合同技术条款中，只有引入合同的技术标准内容才对合同双方具有约束力，即在履行合同中，合同双方执行技术标准和规程规范应以技术条款引用的内容为准。若合同双方对技术条款中引用标准的内容发生争议时，若属于必须执行的强制性条款，则合同双方必须按技术标准的强制性规定执行；若属于非强制性条款，则应由合同双方共同参照本技术条款引用的标准内容，根据工程实际情况，并按新颁发的技术标准修正原合同技术条款。此时应由发包人（或委托监理人）签发修改后的技术条款才有合同效力。涉及变更的应按通用合同条款第15条的约定办理。

（3）编入新技术条款的各章内容，除第1~4章外，其它各章均参照国家和行业的标准和规程规范，汇集了水利水电工程施工中常用的施工方法、安装技术以及材料和工艺，编成具有普遍性和通用性的技术条款，但其内容不可能涵盖工程和的所有要求。因此，发包人在编制特定工程的技术条款时，应针对各工程的特点、规模大小、以及对材料和工艺的不同要求，将新技术条款各章相应的内容进行修改补充和增删取舍，使之符合各特定工程项目的施工要求。

（4）技术条款采用的材料和工艺的质量标准、施工安装技术要求、工程等级、防洪和安全标准等条款内容均必须引自相关的国家或行业颁发的标准和规程规范。

若发包人需采用优于现行规程规范规定的内容时，或需要采用尚未编入规程规范，并已在其它类似工程应用的新技术、新材料和新工艺时，必须进行充分论证或通过生产性试验，拟定新技术、新材料和新工艺的施工技术要求和质量标准，经发包人组织专家鉴定，并由国家主管部门批准后，方可编入技术条款。

（5）根据施工合同的总体结构要求，技术条款的编制范围和内容，应与招标设计图纸和《工程量清单》的编制内容相协调一致，并互相对应。

五、技术条款用语解释

（1）新技术条款中提及的"施工图纸要求"和"施工图纸规定"等是指由监理人发出的包括勘测、设计、施工、试验等图纸和文件提出的要求，亦即是需要由发包人、监理人（或设计人）在编制招标文件和合同实施过程中予以确定和补充的条款内容。

（2）新技术条款各章的表格中、或有横杠空格的部位，均需填入数据；已有数据下加有横杠的，其数据亦仅为参考值，亦需在编制项目招标文件时，根据工程实际情况选定和合理修正。

（3）条款中提及的"提交监理人审批"的文件是指必须由承包人向监理人报审，并须经监理人批准后，才能实施的文件；条款中提及的"提交监理人"的文件，则可由监理人决定是否需要审批后执行，或仅作为监理人备案的文件。

目 录

第1章 一般规定	1
1.1 工程说明	1
1.2 主体工程项目及其工作内容	1
1.3 发包人提供的施工图纸和文件	2
1.4 承包人提交的文件	3
1.5 发包人提供的材料和工程设备	4
1.6 承包人提供的材料和设备	5
1.7 进度计划的实施	6
1.8 工程质量的检查、检验和验收	7
1.9 验收	8
1.10 工程量计量	8
1.11 引用技术标准和规程规范的规定	9
1.12 工程保险	9
1.13 工程价款支付方法	10
第2章 施工临时设施	11
2.1 一般规定	11
2.2 现场施工测量	12
2.3 现场试验	12
2.4 施工交通	12
2.5 施工供电	12
2.6 施工供水	12
2.7 施工供风	13
2.8 施工照明	13
2.9 施工通信和邮政服务	13
2.10 砂石料场开采加工系统	13
2.11 混凝土生产系统	13
2.12 临时工厂设施	14
2.13 仓库和堆、存料场	14
2.14 弃渣场	14
2.15 临时生产管理和生活设施	14
2.16 计量和支付	15

第3章 施工安全措施	17
3.1 一般规定	17
3.2 施工安全措施	18
3.3 应急救援措施	20
3.4 计量和支付	20
第4章 环境保护和水土保持	21
4.1 一般规定	21
4.2 施工环境保护	22
4.3 生态环境保护	24
4.4 水土保持	24
4.5 环境清理	24
4.6 环境保护工程的验收	25
4.7 计量和支付	26
第5章 施工导流工程	27
5.1 一般规定	27
5.2 施工期导流控制标准	29
5.3 截流	29
5.4 导流建筑物施工	29
5.5 基坑排水	30
5.6 安全度汛和排冰凌	30
5.7 下闸封堵和下游供水	30
5.8 施工期临时通航	30
5.9 质量检查和验收	30
5.10 计量和支付	31
第6章 土方明挖	32
6.1 一般规定	32
6.2 场地清理	32
6.3 土方开挖	33
6.4 施工期临时排水	34
6.5 土料场和砂砾料场开采	34
6.6 开挖渣料的利用和弃渣处理	35
6.7 检查和验收	35
6.8 计量和支付	36
第7章 石方明挖	37
7.1 一般规定	37
7.2 钻孔与爆破	38
7.3 石方明挖	38
7.4 施工期临时排水	39

7.5 堆渣场地和渣料利用 ··· 39
7.6 石料场 ··· 39
7.7 质量检查和验收 ·· 40
7.8 计量和支付 ·· 41

第8章 地下洞室开挖 ·· 42
8.1 一般规定 ··· 42
8.2 施工期补充勘探 ·· 43
8.3 地下洞室与洞群的开挖和支护 ·································· 44
8.4 钻孔与爆破 ·· 44
8.5 开挖面的规格 ··· 45
8.6 开挖面清理 ·· 45
8.7 地下洞室的二次扩挖 ·· 46
8.8 特殊部位开挖 ··· 46
8.9 地下照明和通风 ·· 47
8.10 地下水的控制和排除 ··· 47
8.11 地下开挖石渣的利用和弃置 ···································· 47
8.12 质量检查与验收 ··· 47
8.13 计量和支付 ··· 48

第9章 支护工程 ·· 49
9.1 一般规定 ··· 49
9.2 锚杆(岩石锚杆) ··· 50
9.3 预应力锚索 ·· 51
9.4 喷射混凝土 ·· 51
9.5 地下洞室支护 ··· 53
9.6 岩石边坡支护工程 ··· 54
9.7 计量和支付 ·· 55

第10章 钻孔和灌浆工程 ·· 57
10.1 一般规定 ·· 57
10.2 灌浆材料 ·· 58
10.3 设备 ·· 59
10.4 钻孔 ·· 59
10.5 钻孔冲洗和压水试验 ··· 59
10.6 灌浆试验 ·· 59
10.7 制浆 ·· 60
10.8 坝基帷幕灌浆及固结灌浆 ······································· 60
10.9 地下洞室灌浆 ·· 61
10.10 混凝土坝接缝灌浆 ··· 61
10.11 化学灌浆 ··· 62

10.12	土坝劈裂灌浆	63
10.13	灌浆工程验收	64
10.14	计量和支付	64

第11章 基础防渗墙工程 66

11.1	一般规定	66
11.2	混凝土防渗墙	67
11.3	高压喷射灌浆防渗墙	69
11.4	计量和支付	70

第12章 地基及基础工程 71

12.1	一般规定	71
12.2	振冲地基	72
12.3	混凝土灌注桩基础	73
12.4	沉井	74
12.5	计量和支付	78

第13章 土石方填筑工程 79

13.1	一般规定	79
13.2	料源要求	80
13.3	填筑现场试验	81
13.4	坝体填筑	81
13.5	填筑合理用料	83
13.6	堤防工程施工	84
13.7	土工合成材料施工	84
13.8	质量检查和验收	85
13.9	计量和支付	86

第14章 混凝土工程 88

14.1	一般规定	88
14.2	混凝土生产	89
14.3	模板	90
14.4	钢筋	91
14.5	混凝土(含钢筋混凝土)	92
14.6	预制混凝土	95
14.7	预应力混凝土	96
14.8	水下混凝土	97
14.9	碾压混凝土	97
14.10	泵送混凝土	98
14.11	计量和支付	99

第15章 沥青混凝土工程 101

15.1	一般规定	101

15.2	材料	102
15.3	配合比的选择和试验	102
15.4	沥青混合料制备与运输	104
15.5	沥青混凝土防渗面板铺筑	104
15.6	沥青混凝土心墙铺筑	104
15.7	质量检查和验收	105
15.8	计量和支付	105

第16章 砌体工程 ··············· 107

16.1	一般规定	107
16.2	石砌体工程	108
16.3	砖和小砌块砌体工程	109
16.4	计量和支付	110

第17章 疏浚和吹填工程 ··············· 111

17.1	一般规定	111
17.2	疏浚和吹填工程施工	112
17.3	挖泥船疏浚	112
17.4	水力冲挖机组施工	114
17.5	排泥区及吹填施工	114
17.6	质量检查和验收	115
17.7	计量和支付	116

第18章 屋面和地面建筑工程 ··············· 117

18.1	一般规定	117
18.2	屋面建筑工程	117
18.3	地面建筑工程	120
18.4	计量和支付	122

第19章 压力钢管制造和安装 ··············· 124

19.1	一般规定	124
19.2	材料	125
19.3	钢管制造	125
19.4	焊接	127
19.5	水压试验	128
19.6	钢管运输	129
19.7	钢管现场安装	129
19.8	涂装	130
19.9	地下钢管接触灌浆	130
19.10	质量检查和验收	131
19.11	计量和支付	132

第 20 章	钢结构的制作和安装	133
20.1	一般规定	133
20.2	材料和外购件	134
20.3	钢构件制作和组装	134
20.4	钢构件预拼装	137
20.5	钢结构安装	137
20.6	钢结构工程验收	139
20.7	计量和支付	139
第 21 章	钢闸门及启闭机安装	140
21.1	一般规定	140
21.2	一般技术要求	142
21.3	闸门和拦污栅的安装	143
21.4	启闭机安装	146
21.5	质量检查和验收	148
21.6	计量和支付	148
第 22 章	预埋件埋设	150
22.1	一般规定	150
22.2	预埋件埋设的一般技术要求	150
22.3	预埋管道的安装和埋设	151
22.4	固定件埋设	153
22.5	接地装置埋设	153
22.6	预埋件埋设的验收	154
22.7	计量和支付	154
第 23 章	机电设备安装	155
23.1	一般规定	155
23.2	一般技术要求	160
23.3	水轮发电机组及其附属设备安装	162
23.4	水力机械辅助设备系统安装	165
23.5	发电机电压配电设备安装	165
23.6	电力变压器及其附属设备安装	166
23.7	开关站及其进(出)线设备安装	167
23.8	厂用电系统安装	169
23.9	照明系统安装	169
23.10	接地系统安装	169
23.11	控制保护系统安装	169
23.12	通信系统安装	171
23.13	电缆线路安装	172
23.14	厂内起重设备安装	172

23.15 通风及空气调节系统安装 …………………………………………… 172
23.16 建筑给排水系统安装 ………………………………………………… 173
23.17 消防系统安装 ………………………………………………………… 173
23.18 机组启动试运行 ……………………………………………………… 175
23.19 完工验收 ……………………………………………………………… 175
23.20 计量和支付 …………………………………………………………… 176

第24章 工程安全监测 …………………………………………………… 177
24.1 一般规定 ……………………………………………………………… 177
24.2 监测仪器设备的采购、检验和安装埋设 …………………………… 178
24.3 施工期安全监测及其监测资料整编 ………………………………… 179
24.4 质量检查和验收 ……………………………………………………… 180
24.5 计量和支付 …………………………………………………………… 181

第1章 一般规定

1.1 工程说明

1.1.1 工程概况

简述本工程项目所在地的地理位置、工程规模、主要特征参数和综合利用要求；工程枢纽总布置、挡水、泄水、引水与厂区枢纽建筑物布置，以及各主要工程建筑物结构型式；主要机电设备布置、电气主接线、接入系统方式；施工组织规划要求等。

1.1.2 水文气象和工程地质资料

（1）水文气象

列出作为本合同文件组成部分的水文气象资料：包括坝址以上控制流域面积、流域洪水特性、各种代表性流量、库容特性以及降水量、气温、水温、地温、风速、湿度、泥沙、水质和冰凌等各项特征值。

（2）工程地质

列出作为本合同文件组成部分的地质资料：包括工程地区的地质平面图、工程建筑物地质剖面图及其有关勘探资料，以及建筑材料场的地质剖面图及其有关勘探资料等。

1.1.3 施工条件

（1）交通条件

1）说明工程区附近可资利用的交通运输条件，如公路、铁路、水运、航空，以及转运站（码头）的站址、储运和装卸能力，道路和桥涵标准等。

2）说明发包人修建的对外交通工程和工程施工区内的永久、临时主干线交通道路以及桥涵码头等设施的设计标准及其交付使用日期。

3）说明本合同工程超大件和超重件的状况和数据。

（2）发包人按本技术条款第2章提供的施工临时工程和临时设施

1）说明发包人拟提供给承包人使用的施工临时工程项目的状况和移交使用日期。

2）说明发包人拟提供给承包人使用的施工临时设施项目的状况和移交使用日期。

（3）发包人提供的其它施工条件

说明发包人拟提供给承包人施工所需使用的其它施工条件。

1.2 主体工程项目及其工作内容

1.2.1 本合同承包人承担的主体工程项目及其工作内容

简述本合同承包人承担的永久工程中的主体工程、单位工程或分部工程的工程项目及其相关工作内容。

1.2.2 发包人（包括其它承包人）承担的相关工程项目及其工作内容

说明发包人和（或）其它承包人承担的，与本合同承包人相关的工程项目及其连接口的相关工作内容。

1.3 发包人提供的施工图纸和文件

1.3.1 发包人负责提供的施工图纸和文件

（1）由发包人负责设计的工程项目，应由监理人按本章第1.3.2条签订的供图计划提供施工图纸给承包人。

（2）发包人按合同约定向承包人提供的设计基本资料、材料样品、试验成果，以及根据合同要求提供的录像、照片、会议纪要等所有图纸、文件（包括软件、移动硬盘）和影像资料等，发包人不再另行收取费用。

1.3.2 发包人供图计划

（1）发包人应在发出开工通知后_____天内，与承包人共同商签发包人供图计划，经合同双方签订的供图计划作为合同的补充文件。

（2）每年第四季度末，监理人应根据上述供图计划，提供详细的下年度供图计划给承包人。

（3）不论何种原因调整和修订了合同进度计划，监理人应及时与承包人共同修订供图计划，并作为执行合同进度计划的补充文件。

（4）发包人应向承包人提供__16__份各类施工图纸（包括设计修改图）。承包人可根据施工需要，要求增加提供图纸份数，并为增供的图纸支付费用。

1.3.3 发包人提供施工图纸的期限

（1）用于承包人编制施工进度计划和施工总布置所需的工程枢纽总布置图和主要工程建筑物布置图应在签署合同协议书后_____天内提供给承包人。

（2）用于各工程项目施工的工程建筑物结构布置图、体形图等施工图纸，应在该项目工程施工前_____天提供给承包人。

（3）用于工程施工的开挖支护图、配筋图、细部设计图和浇筑图等施工图纸，应在该部位施工前_____天提供给承包人。

（4）用于机电设备安装的安装总图及其有关的图纸和技术文件（包括由设备供货商提交的图纸和技术文件）应在机电设备安装开始前_____天提供给承包人。用于机电设备安装的埋设件图纸应在安装埋设前_____天提供给承包人。

（5）用于金属结构的制作和安装（如压力钢管、钢结构的制作和安装以及闸门和启闭机的安装等）的安装总图、分件图、安装说明书等图纸和文件，应在开始制作安装前__28__天提供给承包人。

（6）用于安装监测仪器安装和埋设的施工图纸和技术文件应在开始安装埋设前__28__天提供给承包人。

1.3.4 施工图纸的修改

（1）承包人收到发包人按上述第1.3.3条的规定提交施工图纸后，应进行详细检查，若发现错误或表达不清楚时，应在收到图纸后的_____天内书面通知监理人。若监理人确认需要作出修改或补充时，应在接件后_____天内将修改和补充后的施工图纸重新提交给承包人。

（2）监理人发出施工图纸后，需要对某些工程设计进行修改和补充时，应在该部位开始施工__14__天前及时签发设计修改图。

（3）若因施工情况紧急，监理人无法在上述规定的时间内签发修改施工图纸，可以临时发出施工图修改通知单，但应在此后的合理时限内补发正式施工图纸。

1.4 承包人提交的文件

1.4.1 承包人文件的提交计划

　　承包人应在签署协议书后_____天内，根据监理人批准的合同进度计划，编制一份由项目经理签署的承包人文件提交计划，提交监理人审批，监理人应在收到该提交计划后的28天内批复承包人。承包人文件的内容应包括本章第1.4.2～1.4.5条规定的各项提交件，以及按合同约定应由承包人提交的其它图纸和文件。

1.4.2 承包人负责设计的临时工程图纸和文件

　　(1) 由承包人负责设计的临时工程项目，应在该项目开工前_____天，提交该项目的总布置图、结构详图及其设计依据，以及监理人认为需要提交的其它图纸和文件，提交监理人批准。

　　(2) 承包人提交的上述临时工程项目的基本资料、试验成果、施工样品，以及所有图纸、文件和影像资料等，其所需的费用均包括在相关项目的报价中，发包人不另行支付。

1.4.3 施工总进度计划

　　(1) 承包人按本合同专用合同条款第10.1款要求提交的施工总进度计划，应采用关键线路法编制网络图。网络图应包括以下各项数据和内容，表述全部工程施工作业间的逻辑关系：

　　1) 作业和相应节点编号；

　　2) 各项施工作业间的衔接逻辑和协调关系；

　　3) 持续时间；

　　4) 最早开工及最早完工日期；

　　5) 最迟开工及最迟完工日期；

　　6) 总时差和自由时差；

　　7) 主要项目施工强度曲线；

　　8) 附需要资源和说明。

　　(2) 承包人编制的施工总进度计划应满足本合同约定的各工程施工控制节点工期要求。

1.4.4 施工总布置设计

　　(1) 承包人应在收到开工通知后的_____天内，将本合同工程的施工总布置设计文件，提交监理人批准。监理人应在签收后_____天内批复承包人。

　　(2) 承包人提交的施工总布置设计文件，其内容应包括施工总平面布置图、主要剖面图和设计说明书。承包人应按本技术条款第2章所列各项临时设施的设计和使用要求进行总平面布置，施工总布置的占地范围不得超过发包人划定的界线。

　　(3) 承包人应按本技术条款第3章有关"施工安全措施"和第4章"环境保护和水土保持"的要求，保护好临时设施周围的边坡、冲沟、河道、河岸的稳定和安全。

1.4.5 主要施工方法和措施

　　(1) 承包人应在每项工程开始施工或安装前_____天，编制各工程项目的施工方法和措施，提交监理人批准。监理人应在收到文件后的_____天内批复承包人。

　　(2) 承包人按监理人指示提交的施工方法和措施，应包括施工需要的浇筑图、车间加工图和安装图等施工文件。

1.4.6　承包人文件的审批

（1）除合同另有约定外，凡须经监理人审批的承包人文件，应在收到文件后＿＿＿＿＿天内批复承包人，逾期不批复，则视为已经监理人批准。监理人的审批意见包括：

1）同意按此执行；或

2）按修改意见执行；或

3）修改后重新提交；或

4）不予批准。

（2）凡标有"按修改意见执行"或"修改后重新提交"的图纸和文件，应由承包人在收到批复件后＿＿＿＿＿天内作出相应修改。所有修改都应由承包人在修改的图纸和文件上标明编号、日期以及说明修改范围和内容，并由承包人项目经理签字后，重新提交监理人批复，监理人应在图纸的角签部位和文件的签署栏签注处理意见后，发还承包人执行。

（3）凡合同约定由承包人提交监理人批准的图纸和文件，必须由项目经理或其授权代表签名，否则均属无效。凡未经监理人按上述第1款规定签署的图纸和文件，均属无效。

1.5　发包人提供的材料和工程设备

1.5.1　发包人提供的材料

（1）材料供应计划

承包人应编制一份发包人供应材料的需用计划，提交监理人审批。承包人应在每年11月末的＿＿＿＿＿天前、每季度末的＿＿＿＿＿天前和每月末的＿＿＿＿＿天前，向监理人提交下一年度、季度和下一月的材料需用计划。经监理人确认后作为发包人分期供应材料的依据。

（2）材料交货验收

承包人应按本合同约定，对发包人指定供货单位供应的材料质量、数量和品种进行检查、检验和验收，并及时将材料的检验结果提交监理人。若材料质量不合格，承包人有权拒绝使用，但必须向监理人提供能证明材料不合格的试验和检验资料。

1.5.2　发包人提供的工程设备

（1）承包人应提交一份满足工程设备安装进度的交货日期计划，提交监理人批准。监理人应在收到承包人提交件后的＿＿＿＿＿天内批复承包人。

（2）由发包人提供承包人安装的工程设备，应按监理人批准的交货日期交货，承包人可允许发包人比原定计划提前＿＿＿＿＿天内到货。提前超过＿＿＿＿＿天，应由发包人支付提前到货的仓管费用。

（3）监理人应在设备到达卸货地点的＿＿＿＿＿小时前通知承包人，承包人应在接到监理人通知（到货后）＿＿＿＿＿小时内卸货，否则，应由承包人支付卸货地点的逾期保管费用。

（4）由于施工安装进度延误，修订了合同进度计划，承包人可根据监理人批准的修订进度计划，要求变更工程设备的交货日期，但由于承包人原因造成进度计划延误而变更交货日期时，承包人应自费保管按原定交货日期到达的工程设备。由于发包人要求变更交货日期，影响承包人的安装工作进度时，承包人有权要求延长工期和（或）要求发包人支付增加的费用。

（5）工程设备的交货验收：

1）由发包人提供的工程设备，应由发包人、监理人与承包人共同进行交货验收。

2）若合同约定由承包人直接在制造厂提货，则应由发包人、监理人与承包人共同参加出厂检验后，由双方办理正式移交手续，并经承包人验点接收后自行发运至工地。承包人应对工程设备在运输中造成的损失和损坏承担全部责任。

3）若合同约定由发包人（或供货商）发运至工地交货，则应由发包人、供货商代表、监理人与承包人共同进行现场开箱检验，并经承包人验收清点后办理正式移交手续。此时，应由发包人对工程设备在运输中造成的损失和损坏承担责任。从设备开箱验收完毕起，承包人应对工程设备的维护和保管承担责任。

1.6 承包人提供的材料和设备

1.6.1 承包人提供的材料

（1）承包人提供的材料应由监理人按以下程序进行检查和验收：

1）查验证件：承包人应按供货合同的要求查验每批材料的发货单、计量单、装箱材料的合格证书、化验单以及其它有关图纸、文件和证件，并应将上述图纸，以及文件、证件的复印件提交监理人；

2）抽样检验：承包人应会同监理人按本合同约定和技术条款各章的有关规定进行材料抽样检验，检验结果应提交监理人。并对每批材料是否合格作出鉴定；

3）材料验收：经鉴定合格的材料方能验收，承包人应与监理人共同核对每批材料的品名、规格、数量，并作好记录，共同验点入库。

（2）不合格材料的处理

经监理人查库发现的不合格材料，应禁止使用，并清除出场。承包人违约使用了不合格材料，应按本合同约定予以清除或返工至合格为止。

（3）代用材料

承包人申请代用材料，应将代用材料的技术标准、质量证明书和试验报告提交监理人。经监理人批准后，才能采用代用材料。

1.6.2 承包人提供的工程设备

按合同约定由承包人负责采购和安装的工程设备，应由承包人将工程设备的订货清单提交监理人批准。承包人应按监理人批准的工程设备订货清单办理订货，并应将订货协议副本提交监理人。承包人应承担工程设备的采购、验收、运输和保管的责任。

1.6.3 承包人施工设备

（1）承包人应在签署合同协议书后＿＿＿＿＿天内，提交一份为完成本合同各项工作所需的施工设备清单，提交监理人批准。施工设备清单的内容应包括：

1）新购设备的生产厂家、品名、型号、规格、主要性能、数量和预计进场时间，承包人应向监理人提交新购置主要施工设备的订货协议复印件；

2）旧施工设备的购置时间、残值、运行和检修记录以及维修保养证书等；

3）租赁设备的购置时间、租赁期限、租赁价格、运行检修记录以及维修保养证书等。

（2）承包人配置的旧施工设备（包括租赁的旧设备），应由监理人进行检查，并须进行试运行，确认其符合使用要求后方可投入使用。

（3）承包人施工设备进场后，监理人应按承包人提供的施工设备清单，仔细核查进场施工设备的数量、规格和性能是否符合施工进度计划和质量控制的要求，监理人有权索取必要的施工设备资料，如发现进场的施工设备不能满足施工要求时，监理人有权责令撤换。

1.6.4 不合格的材料和工程设备的处理

由于承包人使用了不合格材料和工程设备造成了工程损害，监理人可要求承包人立即采取措施进行补救，直至彻底清除工程的不合格部位以及不合格的材料或工程设备，由此增加的费用和工期延误责任由承包人承担。

1.7 进度计划的实施

1.7.1 施工总进度实施措施

承包人应按监理人根据本章第1.4.3条要求批准的施工总进度实施计划，编制详细的施工总进度计划的实施措施，提交监理人批准。实施措施应说明以下内容：

(1) 各永久工程和临时工程项目按期完成的年、月工程量计划和各年度形象面貌。

(2) 主要物资材料（如钢材、钢筋、木材、水泥、粉煤灰、外加剂、砂石骨料、土料和石料、用水和用电等）使用计划及主要材料订货安排。

(3) 施工现场各类人员配备和劳务计划。

(4) 工程设备的订货、交货计划。

(5) 其它说明。

1.7.2 年进度计划

承包人应在每年__12__月，将下年度的进度计划，提交监理人批准，其内容包括：

(1) 计划完成的年工程量及其施工面貌。

(2) 该年施工所需的机具、设备、材料的数量和需要补充采购的计划。

(3) 要求发包人提供的施工图纸计划。

(4) 提出发包人和其它承包人提供工程设备预埋件的计划要求。

(5) 该年施工工作面移交计划日期和要求其它承包人提供工作面的计划日期。

(6) 该年各施工工程项目的试验检验计划。

(7) 工程安全措施实施计划等。

1.7.3 季、月进度计划

监理人认为有必要时，可要求承包人向监理人提交季、月进度计划，其内容包括：

(1) 季、月工程量及其施工面貌。

(2) 该季、月所需施工设备数量及材料用量。

(3) 该季、月发包人应提供的施工图纸目录等。

1.7.4 月、周进度报告

(1) 承包人应在每月底按批准的格式，向监理人提交月进度实施报告，其内容包括：

1) 月完成工程量和累计完成工程量（包括永久工程和临时工程）；

2) 月完成的工程面貌图；

3) 材料实际进货、消耗和库存量；

4) 现场施工设备的投运数量和运行状况；

5) 工程设备的到货情况；

6) 劳动力数量（本月及预计未来3个月劳动力的数量）；

7) 当前影响施工进度计划的因素和采取的改进措施；
8) 质量事故和质量缺陷处理纪录，质量状况评价；
9) 安全施工措施实施情况（包括安全事故处理情况）；
10) 环境保护及水土保持措施实施情况。

月进度报告应附有一组充分显示工程施工面貌与实际进度相对应的定点摄影照片。

（2）承包人应在每周进度会议上按批准的格式，向监理人提交周进度报表，其内容包括：

1) 上周之前合同进度计划要求和实际完成工程量和累计完成工程量统计；
2) 上周实际完成工程量统计；
3) 下周计划完成的工程量；
4) 要求监理人协调解决的主要问题。

1.7.5 进度会议

（1）监理人应在每周的某一日和每月末定期召开周、月进度会议，检查承包人合同进度计划的执行情况，协调解决工程施工中发生的工程变更、质量缺陷处理等问题，以及与其它承包人的相互干扰和矛盾。

（2）承包人应在每周、月进度会议上按规定的格式提交周、月进度报表。

1.8 工程质量的检查、检验和验收

1.8.1 承包人的质量自检

（1）承包人应在收到开工通知后的_____天内，向监理人提交本工程质量保证措施文件，其内容包括：

1) 质量检查机构的组织框图；
2) 质量检查的岗位设置及检查人员名单；
3) 各主要工程建筑物施工，以及各施工工种的质量检查程序；
4) 隐蔽工程和工程隐蔽部位的质量检查程序；
5) 质量检查记录及验收单格式。

（2）承包人应按监理人指示和批准的格式，编制工程质量报表，定期提交监理人。

（3）工程发生质量事故时，承包人应约请监理人共同对工程质量事故进行检查，做好质量事故检查的同期记录和事故处理的自检报告。自检报告应提交监理人。

1.8.2 监理人的质量检查

（1）监理人为检查工程和工程设备质量的需要，可要求承包人提交材料质量和设备出厂合格证、材料试验和设备检测成果、施工和安装记录等，承包人应及时予以提供。

（2）监理人有权要求承包人按合同约定提供试验用的材料样品或在现场钻取试件，并使用承包人的测试设备进行试验检验；监理人还可要求承包人进行补充的试验检验。

1.8.3 发包人的完工预验收

（1）在施工过程中，发包人（或监理人）应会同承包人和有关部门，根据本合同技术条款的规定，对完工的工程项目进行检查验收。检查合格后，发包人、监理人、承包人及有关各方均应在检查验收单上签字后，作为工程完工预验收资料。

（2）承包人完成每项单位工程和分部工程后，发包人和（或）监理人应组织承包人及有

关各方进行完工预验收。承包人应按技术条款的规定与完工验收要求，整编好验收资料，由参加验收各方共同签字后，作为工程竣工验收资料。

1.9 验收

1.9.1 专项验收

（1）专项验收是指与国家和地方有关的对外永久交通、移民安置、环境保护、水土保持及通航等的专项工程验收。

（2）专项验收可与工程竣工验收一并进行，其工程竣工验收资料的整编内容可参照本章第 1.9.3 条的要求进行。

1.9.2 阶段验收

根据国家对工程施工过程的安全管理需要，水利工程应进行以下项目的阶段验收：

（1）枢纽工程导（截）流验收；

（2）水库下闸蓄水验收；

（3）引（调）排水工程通水验收；

（4）机组启动验收；

（5）工程建设需要增加的其它验收。

1.9.3 工程竣工验收

（1）工程竣工验收应遵守《水利工程建设项目验收管理规定》水利部 30 号令和《水利水电建设工程验收规程》（SL 223—2008）的规定。

（2）工程竣工验收前，承包人应整编以下竣工验收资料提交发包人，其内容包括（不限于）：

1) 验收工程的各项施工材料的试验检验成果；

2) 监理人对验收工程及其工程设备的质量检查记录；

3) 施工过程中，本项工程及其工程设备的变更文件及资料；

4) 质量事故记录以及工程及其工程设备的缺陷处理报告；

5) 施工过程中，对验收工程质量的专题评定报告；

6) 质量监督机构签认的质量鉴定报告和有关文件；

7) 验收工程施工期的安全监测成果，以及工程设备的试运行检测成果；

8) 监理人指示提交的其它竣工验收资料。

（4）工程竣工验收应在工程建设项目全部完成，各单位工程、分部工程和单项工程的竣工验收全部合格，并已满足一定运行条件后 1 年内进行。

（5）工程竣工验收应由发包人向国家主管部门提出工程竣工验收申请，并经国家主管部门批准后，由国家主管部门主持、发包人组织进行。

1.10 工程量计量

1.10.1 说明

（1）本合同工程项目应按本合同通用和专用合同条款第 17 条的约定进行计量。计量方法应符合本技术条款各章的有关规定。

(2) 承包人应保证自供的一切计量设备和用具符合国家度量衡标准的精度要求。

(3) 除合同另有约定外，凡超出施工图纸所示和合同技术条款规定的有效工程量以外的超挖、超填工程量，施工附加量，加工、运输损耗量等均不予计量。

(4) 根据合同完成的有效工程量，由承包人按施工图纸计算，或采用标准的计量设备进行秤量，并经监理人签认后，列入承包人的每月完成工程量报表。当分次结算累计工程量与按完成施工图纸所示及合同文件规定计算的有效工程量不一致时，以按完成施工图纸所示及合同文件规定计算的有效工程量为准。

(5) 分次结算工程量的测量工作，应在监理人在场的情况下，由承包人负责。必要时，监理人有权指示承包人对结算工程量重新进行复核测量，并由监理人核查确认。

1.10.2 重量计量

(1) 按施工图纸所示计算的有效重量以吨或千克为单位计量。

(2) 凡以重量计量并需秤量的材料，由承包人合格的测量人员使用经国家计量监督部门检验合格的秤量设备，根据合同约定，在监理人指定的地点进行秤量。

1.10.3 面积计量

按施工图纸所示施工轮廓尺寸或结构物尺寸计算的有效面积以平方米为单位计量。

1.10.4 体积计量

按施工图纸所示施工轮廓尺寸或结构物尺寸计算的有效体积以立方米为单位计量。

1.10.5 长度计量

按施工图纸所示施工轮廓尺寸或结构物尺寸计算的有效长度以米为单位计量。

1.11 引用技术标准和规程规范的规定

1.11.1 遵守国家和行业标准的强制性规定

技术条款中有关工程等级、防洪标准和工程安全鉴定标准等涉及工程安全的施工安装技术要求及其验收标准，必须严格遵守国家和行业标准中的强制性规定。遇有矛盾时，应由监理人按国家和行业标准的强制性规定进行修正。

1.11.2 引用标准和规程规范以最新版本为准

新技术条款中引用的标准和规程规范均标有出版年代，引用截止期为2009年底，应用时执行国家和各行业最新出版的版本。

1.12 工程保险

1.12.1 投保险种

发包人和承包人应按本合同通用合同条款第20条的约定投保以下险种：

(1) 建筑安装工程一切险（包括材料和工程设备，以发包人和承包人共同名义投保）；

(2) 人员工伤事故险（按各自管辖的人员投保）；

(3) 人身意外伤害险（按各自管辖的人员投保）；

(4) 第三者责任险（按各自管辖区，以发包人和承包人共同名义投保）；

(5) 施工设备险（由承包人负责投保）。

1.12.2 保险费用

(1) 若本合同约定由承包人负责投保建筑安装工程一切险，承包人应按本合同通用合同条款第 20.1 款约定的责任和内容，在本章工程量清单中专项列报。

若本合同约定由发包人负责投保建筑安装工程一切险，则承包人不需列报。

(2) 承包人人员的工伤事故险和人身意外伤害险应由承包人按本合同通用合同条款第 20.2 款、第 20.3 款约定的责任和内容，为全部现场施工人员办理保险，并按本章《工程量清单》所列项目专项列报。

(3) 承包人管辖区内的第三者责任险应由承包人，根据本合同通用合同条款第 20.4 款约定的责任和内容与本章《工程量清单》所列项目专项列报。

(4) 施工设备险由承包人负责投保，保险费用包括在施工设备运行费内。

1.13 工程价款支付方法

1.13.1 单价支付项目

除合同另有约定外，承包人在《工程量清单》以单价形式列报的所有工程项目，发包人均按《工程量清单》相应项目的工程单价支付。

1.13.2 一般总价支付项目

除合同另有约定外，承包人在《工程量清单》以总价形式列报的所有工程项目，发包人均按《工程量清单》相应项目（不包括以总价形式列报的暂列金额）的总价支付。

1.13.3 特殊约定的总价支付项目

(1) 进场费

承包人完成合同项目施工所需人员、施工设备和周转性材料的调遣费用，应在《工程量清单》以总价形式列报，由发包人在合同计划开工日期＿＿＿＿天前支付。

(2) 退场费

工程完工验收后，承包人完工清场，撤退人员、施工设备和周转性材料等所需费用，由承包人根据合同要求规定的工作内容在《工程量清单》以总价形式列报，在监理人检查确认承包人完成全部清场撤退后由发包人予以支付。

(3) 保险费

发包人按本章第 1.12 节规定支付。

(4) 其它费用

承包人按本章规定完成各项工作所发生的其它费用，均包含在《工程量清单》有关项目的工程单价或总价中，发包人不另行支付。

第2章 施工临时设施

2.1 一般规定

2.1.1 应用范围

本章规定适用于本合同工程施工临时设施的设计、施工及其附属设备的采购和配置、安装、运行、维护、管理和拆除等全部工作。其工作项目包括：现场施工测量、现场试验、施工交通、施工供电、施工供水、施工供风、施工照明、施工通信、邮政服务、砂石料料物开采加工系统、混凝土生产系统、机械修配厂、加工厂、仓库、存料场、弃料场以及施工现场办公和生活建筑设施等。

2.1.2 承包人责任

（1）承包人应按本章第2.2节、第2.3节的规定，负责本工程的现场施工测量和现场试验工作。并对其提供的测量和试验成果负全部责任。

（2）承包人应负责修建完成本章第2.4~2.15节所列的各项施工临时设施，并在各项永久工程建筑物施工前，完成全部施工临时设施及其附属设备的安装和试运行。

（3）承包人应按发包人提供的施工交通规划及本章第2.4节的规定，负责场内施工临时道路及其交通设施、设备的设计、施工、采购和配置、安装、运行和维护。

（4）承包人应按本章第2.5~2.9节的规定，负责设计和配置施工供水、供电、供风、通信等施工临时设施。

（5）承包人应按本章第2.10~2.14节的规定，负责设计、建造砂石料加工系统、混凝土生产系统、钢筋加工、机械修配加工、汽车修理保养、仓储设施、弃渣场等的临时生产设施。

（6）承包人应按本章第2.15节的规定，负责现场办公和生活建筑等临时设施的规划、布置、设计、施工和维护，并应对现场办公和生活建筑物的使用安全负责。

2.1.3 主要提交件

承包人应按本技术条款第1.4.2条，以及批准的施工总布置设计和本章第2.4~2.15节的规定，编制各项施工临时设施的设计文件，提交监理人批准。其内容包括：

（1）施工临时设施布置图；
（2）施工工艺流程和（或）施工程序说明；
（3）安全和环境保护措施；
（4）施工期运行管理方式。

2.1.4 引用标准

（1）《生活饮用水卫生标准》（GB 5749—2006）；
（2）《水工建筑物地下开挖工程施工规范》（SL 378—2007）；
（3）《水利水电工程施工组织设计规范》（SL 303—2004）；
（4）《水利水电工程施工测量规范》（SL 52—1993）。

2.2 现场施工测量

承包人应按本合同通用合同条款第 8.1~8.4 款的规定执行。

2.3 现场试验

承包人应按本合同通用合同条款第 14.2 款、第 14.3 款的规定执行。

2.4 施工交通

2.4.1 场内施工道路

除本合同约定由发包人提供的施工道路外，承包人应负责修建本合同施工区内自发包人提供的道路至各施工点的全部施工道路、桥涵、交通隧道和停车场，并在合同实施期间负责管理和维护（包括管理和维护发包人提供的施工道路）。

2.4.2 场外公共交通

承包人应按本合同通用合同条款第 7.3~7.5 款的规定执行。

2.5 施工供电

2.5.1 施工电源

（1）除合同另有约定外，发包人将在本工程的_____地点配置一个_____kV 的施工电源接口向承包人提供施工和生活用电。发包人在施工电源输出端的接口处设置计量电表，按合同约定的价格向承包人收取电费。

（2）承包人应负责设计、施工、采购、安装、调试、管理和维修由发包人施工电源输出端的接口处至所有施工区和生活区的输电线路、配电所及其全部配电装置和功率补偿装置。

（3）承包人应为其出现停电事故后急需恢复用电的重要工程部位（如地下工程照明和排水、基坑抽水、补救中断的混凝土浇筑、混凝土温控冷却水、办公和生活区的安全照明等）配备一定容量的事故备用电源，为紧急供电之用。

2.5.2 施工用电计划

承包人应在每年末、每季开始前_____天向监理人提供下一年、各季度和各月的施工用电计划，并按监理人批准的用电计划执行。

2.6 施工供水

（1）承包人应按合同约定，在发包人指定取水点取水，负责提供本合同工程的施工和生活用水，其供水系统的总供水能力应不小于_____ m^3/d，水质应符合 GB 5749—2006 有关的规定。

（2）承包人应按本合同施工总布置的要求，负责设计、施工、采购、安装、管理和维修其施工区和生活区的供水系统，包括修建为保证正常供水的引水、储水和水处理设施等。

（3）承包人应负责向发包人和监理人提供现场办公和生活用水，包括引向发包人和监理人办公地点和生活区的引水、储水和水处理设施及其设备、设施的施工、安装和日常维修等工作。上述供水设施建设和日常供水费用包括在供水项目的总价内。

（4）为进入现场的其它承包人提供施工和生活用水方便，具体提供措施和收费办法由双方协商确定。

2.7 施工供风

承包人应负责提供本合同工程所需的施工供风，包括负责施工供风系统的设计、建造、运行管理和维护。

2.8 施工照明

（1）承包人应负责设计、施工、采购、安装、管理和维修其工程所有施工作业区、办公区和生活区以及相关的道路、桥涵、交通隧道（包括施工支洞）在内的施工区照明线路和照明设施。各地下洞室施工作业区照明度应符合《水工建筑物地下开挖工程施工规范》（SL 378—2007）第12.3.10条的规定。

（2）承包人应按监理人指示，为进入现场工作的其它承包人施工和生活用电提供方便。

2.9 施工通信和邮政服务

（1）除合同另有约定外，发包人将在施工现场设置有线通信系统，并向本合同承包人提供上限不超过_____门的资源门机，承包人可在该虚拟网总机处获得通信接口。其通信接口外的一切通信设施均由承包人自行解决。

（2）承包人应自行负责设计、施工、采购、安装、管理和维修其施工现场内部的通信服务设施。承包人应为发包人和其它承包人使用其内部通信设施提供方便。

（3）承包人应自行与当地邮政部门协商解决其施工现场邮政服务事宜。

2.10 砂石料场开采加工系统

2.10.1 承包人自建砂石料加工系统

（1）承包人应负责提供本合同工程施工所需的全部砂石料，并负责砂石料加工系统的设计和施工以及开采加工设备的采购、安装、调试、运行、管理和维护。

（2）承包人应按批准的施工进度计划和各种砂石料和土料的需用量确定各项加工设备的生产能力和规模，进行加工、储存和供料平衡，并应满足高峰用量的要求。

2.10.2 发包人提供砂石料

（1）发包人应按合同约定的质量标准提供砂石料。承包人应按技术条款的规定和施工图纸的要求，对发包人提供的砂石料进行抽样检验，确认合格后，才能使用。

（2）承包人应按施工进度计划，在每年底前_____天和每月底前_____天向监理人提交下一年度和下一月度的砂石料需用计划。经监理人确认后，作为供货人供应砂石料的依据。

（3）若供货人延误供应砂石料，应由发包人对承包人承担延误供货的责任，承包人有权根据对其工期的影响和工程损失情况向发包人提出索赔。

2.11 混凝土生产系统

2.11.1 承包人自建混凝土生产系统

（1）若合同约定，由承包人自建混凝土生产系统，则承包人应按批准的施工总布置规划，进行混凝土生产系统（包括混凝土骨料储存系统）的设计和施工（包括场地的开挖、回填与平整）、混凝土浇筑设备和设施的采购、安装、调试、运行管理和维修，以及混凝土骨料储存和混凝土的拌和、运输等。承包人的混凝土生产系统还应做好场地排水和弃渣处理，以及防止污染环境等措施。

（2）承包人应按施工图纸和本合同技术条款规定的温控要求，负责混凝土制冷（热）系统的设计和施工，并负责制冷（热）设备的采购、安装、调试、运行管理和维修。

2.11.2　发包人供应混凝土

（1）发包人可向承包人供应本工程施工所需的各种混凝土，并与承包人签订混凝土供货协议。但发包人应对其混凝土的供货质量和供货进度承担责任。

（2）承包人应对拌和混凝土的水泥、砂石料、掺合料，以及混凝土的质量进行试验和抽样检验。若抽样检验结果证明混凝土质量不合格，承包人有权拒绝接受。

（3）承包人应按批准的施工进度计划，在每年底前＿＿＿＿＿天和每月底前＿＿＿＿＿天向监理人提交下一年度和下一月度的混凝土需用计划。经监理人确认后，作为发包人提供混凝土的依据。若承包人未按规定提交混凝土需用计划，则应由承包人自行承担由此影响施工的责任。

（4）若发包人延误供应合格的混凝土，应由发包人承担延误供货责任，承包人有权根据对其工期的影响和工程损失情况向发包人提出索赔。

2.12　临时工厂设施

承包人应按批准的施工总进度和施工图纸的要求，修建以下临时工厂设施，并各工厂设施施工前，将临时工厂设施的设计文件提交监理人批准。

（1）钢筋加工厂；

（2）木材加工厂；

（3）混凝土构件预制工厂；

（4）机械修配工厂；

（5）汽车保养站；

（6）压力钢管和钢结构加工厂（包括预装配场地）。

2.13　仓库和堆、存料场

（1）承包人应按批准的施工组织设计和合同进度计划的要求，修建本工程的仓库和堆、存料场，并在开始施工前，将仓库和堆、存料场的设计图纸与文件提交监理人批准。

（2）承包人应负责本合同工程所需的各项材料和设备仓库的设计、修建、管理和维护。

（3）除合同另有约定外，储存炸药、雷管和油料等特殊材料仓库应按监理人批准的地点进行布置和修建，并应严格遵守国家有关安全管理的规定。

2.14　弃渣场

承包人应按监理人批准的环境保护措施计划，在弃渣场周围及场地内设置防洪和排水设施，防止冲刷弃渣，造成水土流失。

2.15　临时生产管理和生活设施

2.15.1　承包人临时生产管理和生活设施

（1）除合同另有约定外，承包人应负责其施工需要的全部临时生产管理与生活设施的设计、建造及其设备的采购、安装、管理和维护等。

（2）承包人应在收到开工通知后的＿＿＿＿天内，按发包人批准的施工规划总布置，向监理人编制一份临时生产管理和生活设施的布置和房屋建筑物设计的图纸和文件提交监理人批准。

2.15.2　发包人提供临时生产管理和生活设施

发包人可将已建成的办公管理和生活房屋建筑及其设施提供给承包人使用。具体管理办法由发包人和承包人另行签订协议。

2.16　计量和支付

2.16.1　现场施工测量

现场施工测量（包括根据合同约定由承包人测设的施工控制网、工程施工阶段的全部施工测量放样工作等）所需费用，由发包人按《工程量清单》所列项目的总价支付。

2.16.2　现场试验

（1）现场室内试验

承包人现场试验室的建设费用，由发包人按《工程量清单》所列相应项目的总价支付。

（2）现场工艺试验

除合同另有约定外，现场工艺试验所需费用，包含在现场工艺试验项目总价中，由发包人按《工程量清单》相应项目的总价支付。

（3）现场生产性试验

除合同约定的大型现场生产性试验项目由发包人按《工程量清单》所列项目的总价支付外，其它各项生产性试验费用均包含在《工程量清单》相应项目的工程单价或总价中，发包人不另行支付。

2.16.3　施工交通设施

（1）除合同另有约定外，承包人根据合同要求完成场内施工道路的建设和施工期的管理维护工作所需的费用，由发包人按《工程量清单》相应项目的工程单价或总价支付。

（2）场外公共交通的费用，除合同约定由承包人为场外公共交通修建和（或）维护的临时设施外，承包人在施工场地外的一切交通费用，均由承包人自行承担，发包人不另行支付。

（3）承包人承担的超大、超重件的运输费用，均由承包人自行负责，发包人不另行支付。超大、超重件的尺寸或重量超出合同约定的限度时，增加的费用由发包人承担。

2.16.4　施工及生活供电设施

除合同另有约定外，承包人根据合同要求完成施工用电设施的建设、移设和拆除工作所需的费用，由发包人按《工程量清单》相应项目的工程单价或总价支付。

2.16.5　施工及生活供水设施

除合同另有约定外，承包人根据合同要求完成施工及生活供水设施的建设、移设和拆除工作所需的费用，由发包人按《工程量清单》相应项目的工程单价或总价支付。

2.16.6　施工供风设施

除合同另有约定外，承包人根据合同要求完成施工供风设施的建设、移设和拆除工作所需的费用，由发包人按《工程量清单》相应项目的工程单价或总价支付。

2.16.7 施工照明设施

除合同另有约定外,承包人根据合同要求完成施工照明设施的建设、移置、维护管理和拆除工作所需的费用,由发包人按《工程量清单》相应项目的工程单价或总价支付。

2.16.8 施工通信和邮政设施

除合同另有约定外,承包人根据合同要求完成现场施工通信和邮政设施的建设、移设、维护管理和拆除工作所需的费用,由发包人按《工程量清单》相应项目的工程单价或总价支付。

2.16.9 砂石料生产系统

除合同另有约定外,承包人根据合同要求完成砂石料生产系统的建设和拆除工作所需的费用,由发包人按《工程量清单》相应项目的工程单价或总价支付。

2.16.10 混凝土生产系统

除合同另有约定外,承包人根据合同要求完成混凝土生产系统的建设和拆除工作所需的费用,由发包人按《工程量清单》相应项目的工程单价或总价支付。

2.16.11 附属加工厂

除合同另有约定外,承包人根据合同要求完成附属加工厂的建设、维护管理和拆除工作所需的费用,由发包人按《工程量清单》相应项目的工程单价或总价支付。

2.16.12 仓库和存料场

除合同另有约定外,承包人根据合同要求完成仓库或存料场的建设、维护管理和拆除工作所需的费用,由发包人按《工程量清单》相应项目的工程单价或总价支付。

2.16.13 弃渣场

除合同另有约定外,承包人根据合同要求完成弃渣场的建设和维护管理等工作所需的费用,由发包人按《工程量清单》相应项目的工程单价或总价支付。

2.16.14 临时生产管理和生活设施

除合同另有约定外,承包人根据合同要求完成临时生产管理和生活设施的建设、移设、维护管理和拆除工作所需的费用,由发包人按《工程量清单》相应项目的工程单价或总价支付。

2.16.15 其它临时设施

未列入《工程量清单》的其它临时设施,承包人根据合同要求完成这些设施的建设、移置、维护管理和拆除工作所需的费用,包含在相应永久工程项目的工程单价或总价中,发包人不另行支付。

第3章 施工安全措施

3.1 一般规定

3.1.1 应用范围

本章适用于水利工程施工现场的安全管理工作包括：现场施工劳动保护、爆破作业、照明、场内交通、消防、地下洞室施工作业保护、洪水和气象灾害保护、施工安全监测等。

3.1.2 承包人责任

（1）承包人应按本合同通用合同条款第9.2款的约定和《水利水电工程施工通用安全技术规程》（SL 398—2007）的规定履行其安全施工职责，对本工程的施工安全负责。

（2）承包人应坚持"安全第一，预防为主"的方针，建立、健全安全生产责任制度，制定各项安全生产规章制度和操作规程，建立完善的施工安全生产设施，健全安全生产保证体系，加强监督管理，切实保障全体人员的生命和财产安全。

（3）承包人应加强对职工进行施工安全教育，应按本章第3.2节规定的内容，编印安全保护手册发给全体职工。工人上岗前应进行安全操作的培训和考核。合格者才准上岗。

（4）承包人必须遵守国家颁布的有关安全规程。若承包人责任区内发生重大安全事故时，承包人应立即报告发包人，并在事故发生后 __12~24__ 小时内提交事故情况的书面报告。

（5）承包人应为施工作业人员配置必需的劳动保护用品。承包人应对其施工安全措施不到位而发生的安全事故承担责任。

（6）承包人应负责全部施工作业的安全检查，建立专门的安全检查机构，配备专职的安检人员，进行经常性的安全生产检查，并及时作好安全记录。

3.1.3 主要提交件

（1）承包人应在本工程开工前_____天，根据《中华人民共和国安全生产法》、《中华人民共和国消防法》、《中华人民共和国道路交通安全法》、《中华人民共和国传染病防治法》、《水利工程建设安全生产管理规定》等国家行业和地方有关法规，以及本章第3.2.1条规定的内容和要求，编制一份施工安全措施计划，提交监理人批准。

（2）承包人应在每年、每季和每月的进度报告中，按本章规定的各项安全工作内容，详细说明本工程安全措施计划的实施情况，以及按规定的格式提交安全检查和事故处理记录。

3.1.4 引用的法律法规

（1）《水利工程建设安全生产管理规定》；

（2）《安全技术措施计划的项目总名称表》；

（3）《中华人民共和国道路交通安全法》；

（4）《中华人民共和国安全生产法》；

（5）《中华人民共和国消防法》；

（6）《中华人民共和国传染病防治法实施办法》；

(7)《中华人民共和国食品卫生法》；

(8)《中华人民共和国劳动法》。

3.1.5 引用标准

(1)《爆破安全规程》(GB 6722—2003)；

(2)《安全标志及其使用导则》(GB 2894—2008)；

(3)《水利水电工程施工通用安全技术规程》(SL 398—2007)；

(4)《水利水电工程金属结构与机电设备安装安全技术规程》(SL 400—2007)；

(5)《水工建筑物地下开挖工程施工规范》(SL 378—2007)；

(6)《职业健康安全管理体系规范》(GB/T 28001—2001)。

3.2 施工安全措施

3.2.1 施工安全措施计划

承包人应按本章第3.1.3条的规定提交施工安全措施计划，其内容应包括施工安全机构的设置、专职安全人员的配备，以及防洪、防火、防毒、防噪声、防爆破烟尘、救护、警报、治安和炸药管理等。施工安全措施的项目和范围，还应符合国家颁发的《安全技术措施计划的项目总名称表》及其附录H、I、J的规定。

3.2.2 劳动保护

(1) 承包人应定期向所有现场施工人员发放安全帽、水鞋、雨衣、手套、手灯、防护面具和安全带等劳动保护用品，以及特殊工种作业人员的劳动保护津贴和营养补助等。

(2) 按《中华人民共和国劳动法》的有关规定安排现场作业人员的劳动和休息时间，加班时间不得超过《中华人民共和国劳动法》第四章的规定。

3.2.3 伤病防治和卫生保健

(1) 承包人应在施工现场设置医疗卫生机构，负责施工人员的伤病防治和卫生保健工作。

(2) 施工人员进入生活区和作业面前，应对环境进行卫生清理，以及采取消毒、杀虫、灭鼠等卫生措施，并对饮用水进行消毒。

(3) 及时做好病源和疫情监测。一旦发现疫情，应立即采取措施控制感染源和感染者。

(4) 职工食堂应严格执行《中华人民共和国食品卫生法》的有关规定。

(5) 所有传染病人、病原携带者和疑似病人一律不得从事易于使该病传播的工作。

3.2.4 危险物品的安全管理

承包人运输和存放爆破器材，应遵守SL 398—2007第8.3.3条、第8.3.4条的规定；油料的运输和管理应遵守SL 398—2007第11.5节的规定。

3.2.5 照明安全

承包人应在施工作业区、施工道路、临时设施、办公区和生活区设置足够的照明，地下洞室的施工作业区、运输通道应布置照明设施符合SL 398—2007第4.5.9～4.5.14条的规定。

3.2.6 接地及防雷装置

接地及防雷装置应符合SL 398—2007第4.2节接地（接零）与防雷规定的要求。凡可能漏电伤人或易受雷击的电器及建筑物均应设置接地或防雷装置。

3.2.7 防有毒、有害物品的控制

承包人应遵守 SL 378—2007 第 11.3 节防尘、有害气体的规定。

3.2.8 爆破作业安全

(1) 承包人的施工爆破作业应严格遵照 GB 6722—2003 及国家有关爆破安全管理的规定。承包人应对爆破造成的工程和人身损害和财产损失承担责任。

(2) 对实施电引爆的作业区，承包人应采用必要的特殊安全装置，以防止暴风雨时的大气或邻近电气设备放电的影响。特殊安全装置应经过试验证明其确保安全可靠时方可使用。试验报告应提交监理人。

(3) 当承包人的现场爆破作业对其它承包人的施工造成干扰及影响临近设施和人员的安全时，应由监理人协调解决。现场爆破时，各方均应服从爆破作业指挥人员的命令。

3.2.9 消防

(1) 承包人应遵守《中华人民共和国消防法》，并负责其自己辖区内的消防工作。承包人应对其辖区内发生的火灾及其造成的人员伤亡和财产损失负责。

(2) 承包人应按 SL 398—2007 第 3.5 节的规定，建立现场消防组织，配置必要的消防专职人员和消防设备器材。消防设备的型号和功率应满足消防任务的需要。在现场配备必要的灭火器材、设置防火警示标志，保持畅通的消防通道。

(3) 承包人应对职工进行经常性的消防知识教育和消防安全训练，消防设备器材应经常检查和保养，使其处于良好的待命状态。

(4) 承包人应制定经常性的消防检查制度，划分施工现场的防火责任区。承包人的消防专职人员应定期检查各施工现场，以及办公与生活区的消防安全，特别是用电安全。

3.2.10 洪水和气象灾害的防护

(1) 承包人应做好水情和气象预报工作。承包人应向发包人或地方主管水文、气象预报工作的部门获取工程所在区域短、中、长期水文、气象预报资料。一旦发现有可能危及工程和人身财产安全的灾害预兆时，应立即采取确保安全的有效措施。

(2) 每年汛前，承包人应编制防洪度汛预案，并按《水利水电工程施工通用安全技术规程》(SL 398—2007) 第 3.6 节、第 3.7 节的规定，制定切实可行的预防和减灾措施。

3.2.11 安全标志

(1) 承包人应按 GB 2894—2008 的要求，在施工区内设置一切必需的安全标志，其标志类型包括：

1) 禁止标志；
2) 警告标志；
3) 指令标志；
4) 提示标志。

(2) 承包人应负责保护施工区内的所有标志，并按监理人指示补充或更换失效的标志。

3.2.12 施工安全监测

有关施工期的安全监测详见本技术条款第 24 章。

3.3 应急救援措施

3.3.1 事故应急救援预案

（1）承包人应制定生产安全事故的应急救援预案，应急救援预案应能随时紧急调动应救人员，救援专职人员应定期组织演练。

（2）发生事故后，承包人应按应急救援要求，配备必需的应急救援器材和设备，并及时将应急救援的措施报告提交监理人。

3.3.2 伤亡事故处理

（1）施工过程中，若发生施工生产人员或第三者人员的伤亡事故时，承包人应按本合同通用合同条款第9.5款的约定，及时进行处理，并立即报告监理人。

（2）发生重大伤亡或特大事故时，承包人必须保护事故现场，立即报告发包人和当地政府的安全管理部门，并在当地政府的支持和协助下，按国家有关规定妥善处理好事故。

（3）事故处理结案后，承包人应向公众张榜告示处理事故结果。

3.3.3 预防自然灾害措施

（1）施工期间一旦发生洪水、或可能危及人身财产安全事故的预兆时，承包人应立即采取有效的防灾措施，确保工程人员和财产的安全。

（2）一旦发生安全事故，承包人应立即按其安全职责分工，组织人员、设备和物资，尽快制止事故发展，及时消除隐患，划定警戒范围，并在最短时间内组织好人员、车辆和设备的疏散，避免再次发生人员伤亡和财产损失。

（3）承包人应保护好事故现场，为事故调查分析提供直接证据，做好现场标志和书面记录，绘制现场简图，并妥善保存现场重要痕迹、物证，必要时应对事故现场和伤亡情况进行录像或拍照，待事故调查部门有明确指令后，才能清除事故现场。

3.4 计量和支付

（1）承包人按本章第3.2节、第3.3节要求进行的、非直接属于具体工程项目施工安全的各项安全保护措施所需的费用，应在《工程量清单》以总价形式专项列报，经监理人检查确认实施情况后，由发包人按项审批支付。

（2）直接属于具体工程项目的安全文明施工措施费，应包含在《工程量清单》各具体工程项目有效工程量的工程单价中，发包人不另行支付。

第4章 环境保护和水土保持

4.1 一般规定

4.1.1 应用范围

本章规定适用于本工程施工期的生产、生活区环境保护和水土保持的有关工作,其主要工作范围和内容包括:施工、生活污水和废水处理、大气环境与声环境保护、固体废弃物处理、水土保持、完工后的场地清理、农田复耕与植被恢复等。

4.1.2 承包人责任

(1) 承包人必须遵守有关环境保护和水土保持的法律、法规和规章,并按照本合同技术条款的有关规定,做好施工区及生活区的环境保护与水土保持工作。

(2) 对本合同划定的施工场地界线附近的树木和植被必须尽力加以保护。承包人不得让有害物质(如燃料、油料、化学品、酸等,以及超过剂量的有害气体和尘埃、污水、泥土或水、弃渣等),污染施工场地及场地以外的土地和河川。

(3) 承包人应按合同约定和监理人指示,接受国家和地方环境保护与水行政主管部门的监督和检查。承包人应对其违反上述法律、法规和规章以及本合同规定所造成的环境污染、水土流失、人员伤害和财产损失等承担责任。

4.1.3 主要提交件

(1) 环境保护及水土保持措施计划:

承包人在提交施工总布置设计文件的同时,提交本合同施工期的环境保护和水土保持措施计划,提交监理人批准,其内容包括:

1) 承包人生活区的生活用水和生活污水处理措施;

2) 施工生产废水(如基坑废水、混凝土生产系统废水、砂石料加工系统废水、机修废水等)处理措施;

3) 施工区粉尘、废气的处理措施;

4) 施工区噪声控制措施;

5) 固体废弃物处理措施;

6) 人群健康保护措施;

7) 本工程存料场、弃渣场的挡护工程、坡面保护工程和排水工程;

8) 施工辅助生产区(如混凝土系统、砂石加工系统的生产区及加工场等)、工程枢纽施工区、施工生活营地等所有场地周边的截、排水措施,开挖边坡支护措施、挡护建筑物的排水措施等;

9) 施工区边坡工程的水土保护措施;

10) 完工后场地清理及农田复耕和植被恢复措施。

(2) 承包人应按监理人指示,在工程开工后_____天内,将废水处理系统的设计与施工计划以及维护系统的运行措施等生产废水处理的专项报告提交监理人批准。

(3) 验收报告和资料：
1) 环境保护措施质量检查及验收报告；
2) 水土保持措施的质量检查及验收报告；
3) 监理人要求提供的其它资料。

4.1.4 引用的法律法规

(1)《水利工程建设项目验收管理规定》（水利部第30号令）；
(2)《中华人民共和国水法》；
(3)《中华人民共和国水污染防治法实施细则》；
(4)《中华人民共和国大气污染防治法》；
(5)《建设项目环境保护管理条例》；
(6)《中华人民共和国环境噪声污染防治法》；
(7)《中华人民共和国水污染防治法》；
(8)《中华人民共和国固体废弃物污染环境防治法》；
(9)《中华人民共和国水土保持法》；
(10)《中华人民共和国环境保护法》。

4.1.5 引用标准

(1)《生活饮用水卫生标准》（GB 5749—2006）；
(2)《地表水环境质量标准》（GB 3838—2002）；
(3)《环境空气质量标准》（GB 3095—1996）；
(4)《污水综合排放标准》（GB 8978—1996）；
(5)《大气污染物综合排放标准》（GB 16297—1996）；
(6)《建筑施工场界噪声限值》（GB 12523—1990）；
(7)《水利水电工程施工通用安全技术规程》（SL 398—2007）；
(8)《水土保持监测技术规程》（SL 277—2002）；
(9)《水环境监测规范》（SL 219—1998）；
(10)《生活垃圾卫生填埋技术规范》（CJJ 17—2004）；
(11)《水土保持综合治理验收规范》（GB/T 15773—1995）。

4.2 施工环境保护

4.2.1 生活供水及生活废水处理

(1) 饮用水水质应符合 GB 5749—2006 的规定。
(2) 处理后的废水水质应符合受纳水体环境功能区规划规定的排放要求，或应遵守 GB 8978—1996 的规定，不得将未处理的生活污水直接或间接排入河流水体中，或造成生活供水系统的污染。

4.2.2 生产废水处理

(1) 基坑排水的排放口位置尽可能设置在靠近河流中的流速较大处，以尽量满足水质保护要求。基坑的经常性排水，应在基坑排水末端设沉淀池，排水量视沉淀池水的浑浊程度而定，做到蓄浑排清。尽量控制水体 pH 值接近中性时排放。
(2) 砂石料开采加工、混凝土生产及其它辅助生产系统等的废水处理应实行雨污分流，建立完善的废水处理系统，将各生产系统经常性排放的废水统一收集处理。

（3）废水处理系统排出的污泥需进行必要的脱水（或沉淀）处理后，运至指定的弃渣场堆存。防止污泥进入排水系统或排入河道。

（4）机修及汽修系统的废水收集、处理系统应建立专用的废水收集管道，对含油较高的机修废水应选用成套油水分离设备进行油水分离，不得任意设置未经处理的废水排污口。

（5）混凝土浇筑面的冲洗、冲毛废水，以及灌浆工作面冲洗岩粉的污水和废弃浆液应由专设的沟道集中排放，严禁污水漫流。

4.2.3 施工区粉尘控制

（1）承包人应根据施工设备类型和施工方法制定除尘实施细则，提交监理人批准。

（2）施工过程中，承包人应会同监理人根据批准的除尘实施细则，随时进行除尘措施的检查和检测。检查和检测记录应提交监理人。

（3）施工期间，承包人应根据工程所在区域环境空气功能区划要求，保证施工场界及敏感受体附近空气中允许粉尘浓度限值控制在 SL 398—2007 表 3.4.2 规定范围内。

（4）承包人制定的除尘措施，应遵守 SL 398—2007 第 3.4.3 条的有关规定外，还应做到：

1）施工期间，除尘设备应与生产设备同时运行，并保持良好运行状态；

2）选用低尘工艺，钻孔要安装除尘装置；

3）混凝土系统配置除尘装置，及时更换和修理无法运行的除尘设备；

4）承包人不得任意安装和使用对空气可能产生污染的锅炉、炉具，以及使用易产生烟尘或其它空气污染物的燃料；

5）散装水泥、粉煤灰、磷矿渣粉应由封闭系统从罐车卸载到储存罐，所有出口应配有袋式过滤器；

6）承包人应经常清扫施工场地和道路，向多尘工地和路面充分洒水；

7）施工场地内应限制卡车、推土机等的车速以减少扬尘；运输可能产生粉尘物料的敞篷运输车，其车厢两侧及尾部均应配备挡板。运输粉尘物料应用干净的雨布加以遮盖；

8）洞内施工的液压钻、潜孔钻等应设有收尘装置，钻进不起尘，地下洞室的钻进工作面应设置有效的通风排烟设施，保证洞内空气流通。

4.2.4 施工区噪声污染控制

（1）施工过程中，承包人应会同监理人根据批准的降低噪声的措施，对施工场地进行噪声的检查和监测，检查和监测记录应提交监理人。

（2）施工期间，承包人应按 SL 398—2007 第 3.4.4 条的规定，控制生产车间和作业场所地点噪声级卫生限值。

（3）生活区噪声声级的限值应遵守 SL 398—2007 表 3.2.8 的规定。

4.2.5 固体废弃物处理

（1）承包人应负责对其施工场地以及生活区范围内的生产和生活垃圾进行清运填埋，并应设置必要的生活卫生设施，及时清扫生活垃圾，统一运至指定地点。

（2）生产垃圾中的金属类废品，应由承包人负责回收利用。

（3）承包人应按指定的渣场弃渣，弃渣场应采取碾压、挡护或绿化等措施进行处理。

（4）对施工中难以避免滑入河道的渣土、因施工造成的场地塌滑与泥沙漫流等问题，应根据监理人指示和地方环境保护部门要求，采取合理措施进行处理。

（5）废弃混凝土应运至专设的弃料场，不得在施工场地内任意弃置。

4.2.6 有毒有害物质和危险品的管理

有毒有害物质和危险品的管理应遵守 SL 398—2007 第 11.3.1 条、第 11.3.2 条的规定。

4.3 生态环境保护

4.3.1 陆生动植物及资源保护

（1）承包人因工程施工需要在施工场地范围内进行砍树、清除表土和草皮时，必须按环境保护主管部门和监理人批准的环境保护规划要求进行。

（2）承包人在施工场地内发现国家保护级的鸟巢、受保护动物和巢穴，应按国家的有关规定妥善保护。

（3）承包人在施工区附近的水域，发现受保护的鱼类应立即报告监理人，并按国家有关规定处理。严禁在施工区以外的保护林区捕猎野生动物。

4.3.2 景观与视觉保护

（1）施工期间，承包人应负责保护好施工场地附近的风景区、自然保护区及温泉等的景观免受工程施工的影响。

（2）承包人应做好生活营地周围的绿化和美化工作，保护生态，改善生活环境。修建的各项临时设施应尽可能与周围环境协调。

4.4 水土保持

4.4.1 执行水土保持措施计划

承包人应按监理人批准的水土保持措施计划，负责实施本合同责任范围内（包括施工开挖的场地、生活区、施工道路和渣场等）的水土保持措施，并在工程结束后，按合同要求进行场地清理和整治。

4.4.2 做好水土保持工程措施

（1）承包人应做好场内道路上下边坡水土流失的防治工程措施；施工场地应设置完善的排水系统，防止降雨径流对施工场地和渣场的冲刷。

（2）承包人应按监理人批准的水土保持工程措施，做好料场、渣场的挡护、排水等工程措施和植物种植保护措施，并负责料场和渣场施工期的维护管理工作。

（3）承包人应选择不易受径流冲刷侵蚀的场地堆放开挖料和弃渣，并在其堆放场地周边修建临时排水沟引排周边汇水。

（4）承包人应保护施工场地周边的林草和水土保持设施（包括水库、渠、塘坝、梯田和拦渣坝等），避免或减少由于施工造成的水土流失。

4.5 环境清理

4.5.1 环境清理措施计划

承包人应按监理人指示，在工程基本完工后，制定一份环境清理措施计划，提交监理人批准，其内容应包括：

（1）环境清理范围（包括本合同施工场地及施工场地以外遭受施工损坏的地区）；

(2) 环境保护辅助工程设施；
(3) 植被种植措施。

4.5.2 环境清理

(1) 在每一施工作业区施工结束后，承包人应及时拆除各种临时建筑结构和各种临时设施（包括已废弃的沉淀池和临时挡洪设施等）。

(2) 完工后，承包人应按计划将所有材料和设备撤离现场，工地范围内废弃的材料、设备及其它生产垃圾应按环境规划要求和（或）监理人指示的方式处理。

(3) 对防治范围内的排水沟道、挡护措施等永久性水土保持设施，应在撤离前进行疏通和修整。按合同要求拆除和撤离的其它设施和结构应及时清理出场。

(4) 承包人应有责任保证其种植的林草按 SL 277—2002 第 7.2.2 条第 2 款规定的"林草恢复期"内成活。

(5) 占用耕地的料场，应在开采前将剥离的耕植土妥善堆存保管，完工后将其返还摊铺，还田复耕。

4.6 环境保护工程的验收

4.6.1 施工期环境保护临时设施的检查和验收

各项施工期环境保护临时设施投入使用前，应由监理人会同环保部门代表与承包人共同进行环境保护临时设施的质量检查和验收。承包人应为上述检查和验收提供以下资料：

(1) 监理人批准的"环境保护及水土保持工程"的施工措施计划；
(2) 各项环境保护临时设施布置图；
(3) 施工质量检查记录；
(4) 生活和生产供水水质、污水和废水处理水质，以及固体废弃物处理效果等的检验和实测资料。

4.6.2 环境保护和水土保持工程的质量检查和验收

本章第 4.2~4.5 节所涉及的本工程环境保护和水土保持设施，包括为环境清理修建的永久性设施，均应由监理人会同环境保护部门代表与承包人共同按国家的环境保护法规和本合同技术条款的有关规定进行质量检查和验收。

承包人应为上述永久性环境保护设施的检查和验收提供以下资料：

(1) 永久性环境保护工程和设施的各项工程布置图；
(2) 永久性环境保护工程和设施的工程质量检查验收记录；
(3) 植被种植计划的完成情况和检查验收记录；
(4) "林草恢复期"内，各区植被的维护管理措施。

4.6.3 永久性环境保护工程的完工验收

上述条款所列的全部永久性环境保护和水土保持设施项目验收合格后，承包人应按监理人的指示，向发包人提交要求对全部永久性环境保护工程和设施进行完工验收的申请报告。经发包人同意后，由监理人会同承包人和环境保护部门代表共同进行完工验收。承包人应为永久性环境保护工程的完工验收提供以下资料：

(1) 各项永久性环境保护工程的竣工图及其有关的竣工资料；
(2) 各项永久性环境保护工程的质量检查记录和质量鉴定成果；

(3) 监理人要求提交的其它完工验收资料。

4.7 计量和支付

(1) 施工临时设施（包括混凝土生产系统、砂石料生产加工系统、机修车间、施工现场和生活区临时设施等）的废、污水（或废油）处理设施，应分别包含在与本技术条款第 2 章"施工临时设施"各自相关的施工临时设施项目中。承包人根据合同要求完成各废、污水（或废油）处理设施的建设、移设和拆除工作所需的费用，由发包人按《工程量清单》相应"施工临时设施"的废、污水（或废油）处理设施子项总价支付［若未设列废、污水（或废油）处理设施子项，则承包人完成该设施建设、移设和拆除工作所需的费用，应包含在与之相关的"施工临时设施"项目总价中，发包人不另行支付］；除合同另有约定外，承包人按合同要求完成废、污水（或废油）处理设施的运行、维护管理、施工期水质监测等工作所需的费用，包含在《工程量清单》所列的"环境保护和水土保持专项措施费"中，发包人不另行支付。

(2) 除合同另有约定外，施工场地和生活区的其它零星污水、零星废弃物和生活垃圾的处理费用，大气环境保护措施费用和声环境保护措施费用，包含在《工程量清单》所列的"环境保护和水土保持专项措施费"中，发包人不另行支付。

(3) 河床基坑的废水处理费用，由发包人按《工程量清单》相应项目的工程单价或总价支付。

(4) 列入《工程量清单》的环境保护和水土保持的其它工程项目（如渣场和场内交通的工程防护和水土保持设施、林草植被种植措施等），由发包人按《工程量清单》相应项目的工程单价或总价支付。除合同另有约定外，环境保护和水土保持的其它工程项目的工程单价或总价，应包括承包人完成相应项目的建设、运行、维护管理和施工期监测等工作所需费用。

(5) 未列入《工程量清单》的其它环境保护和水土保持措施，承包人完成这些措施的建设、运行、维护管理和施工期监测等工作所需费用，包含在《工程量清单》所列的"环境保护和水土保持专项措施费"中，发包人不另行支付。

(6) 承包人在《工程量清单》以总价形式专项列报的"环境保护和水土保持专项措施费用"，应按计划实施并经监理人检查确认后，由发包人按项支付。

第5章 施工导流工程

5.1 一般规定

5.1.1 应用范围

本章规定适用于本合同施工图纸所示主体工程的施工导流工程，包括施工导流挡水和泄水建筑物、截流、度汛、基坑排水、排冰、通航、下闸及封堵和施工期下游供水的工程项目及其工作内容。

5.1.2 承包人责任

(1) 按本合同确定的施工导流方案、导流洪水标准与施工控制性进度，编制本工程施工导流的措施计划，提交监理人批准。

(2) 按批准的施工导流措施计划和本技术条款的规定，负责完成以下各项工作：

1) 完成本章第5.1.1条所规定的施工导流工程项目及其工作内容；

2) 保证永久建筑物在干地施工的措施；

3) 按合同约定，负责提供导流工程的材料和设备，包括材料和设备的试验、检验，以及设备的运行和维护。

(3) 协助发包人安排好施工通航和施工期下游供水。

(4) 导流期间，当河道的天然来水流量小于或等于本合同规定的导流工程设计洪水标准时，承包人应对导流工程的施工安全承担责任。

(5) 当施工期内，遭遇不可抗力的自然灾害或发生超标准洪水时，承包人应按监理人指示，采取应急措施，进行防洪防灾的抢救工作。

5.1.3 主要提交件

(1) 导流工程施工措施计划

承包人应在施工导流建筑物开工前＿＿＿＿天，按本章第5.1.1条规定的导流工程项目，编制导流工程施工措施计划，提交监理人批准，其内容包括：

1) 截流试验报告和截流施工措施方案；

2) 基坑排水措施；

3) 防洪和安全度汛措施；

4) 下闸封堵措施；

5) 导流工程施工进度计划；

6) 监理人要求其它补充措施计划。

(2) 导流建筑物施工图纸

除合同另有约定外，在导流建筑物施工前＿＿＿＿天，承包人应将其负责提供的导流建筑物施工图纸，提交监理人批准。

(3) 安全度汛措施计划

承包人应在每年汛期前，将该年度的安全度汛措施报告，提交监理人批准，其内容包括：
1) 截至度汛前工程应达到的度汛形象面貌；
2) 临时和永久工程建筑物的汛期防护措施；
3) 防汛器材设备和劳动力配备；
4) 施工区和生活区的度汛防护措施；
5) 临时通航的安全度汛措施；
6) 遭遇超标准洪水时的应急度汛措施；
7) 监理人要求提交的其它施工度汛资料。

(4) 施工期临时通航措施计划

承包人应在施工期临时通航开始前，将施工期临时通航措施计划提交监理人批准。

(5) 截流措施计划

承包人应在截流前，将截流措施计划提交监理人批准，其内容包括：
1) 截流施工进度；
2) 截流时段、截流方式（如立堵、平堵或两者兼有）、截流落差、截流戗堤轴线位置及截流水力参数；
3) 供料的料源、备料场地储量，各种截流抛投材料的品种、数量和备料情况；
4) 截流材料抛投的运输设备配置和运输道路情况；
5) 截流过程水力参数的测试安排；
6) 监理人要求提交的其它截流资料。

(6) 下闸封堵和水库蓄水措施计划

承包人应在下闸封堵前，将下闸封堵和水库蓄水措施计划提交监理人批准，其内容包括：
1) 主体工程应完成的工程形象面貌；
2) 封堵闸门和启闭机的试运行计划；
3) 下闸封堵前的库区施工场地清理和验收计划；
4) 下闸封堵前，观测设备的观测初始值；
5) 下闸封堵施工措施（如导流隧洞、导流底孔等的封堵措施）；
6) 下闸封堵后的下游供水措施；
7) 水库蓄水（或水库分阶段蓄水）计划。

5.1.4 引用标准

(1)《防洪标准》(GB 50201—1994)；
(2)《水利工程建设项目验收管理规定》(水利部第30号令)；
(3)《水利水电建设工程验收规程》(SL 223—2008)；
(4)《水利水电工程施工组织设计规范》(SL 303—2004)；
(5)《水利水电工程天然建筑材料勘察规程》(SL 251—2000)；
(6)《水利水电工程等级划分及洪水标准》(SL 252—2000)；
(7)《水利水电工程混凝土防渗墙施工技术规范》(SL 174—1996)；
(8)《水工建筑物水泥灌浆施工技术规范》(SL 62—1994)；
(9) 导流工程项目的专项技术涉及其它章节引用的标准和规程规范。

5.2 施工期导流控制标准

5.2.1 施工导流及度汛标准

列表说明本工程采用的导流方式、各阶段导流标准及导流程序。

承包人应根据合同确定的施工导流标准、度汛标准和度汛方式，完成施工图纸所示的挡水建筑物的施工面貌。

5.2.2 临时通航、下游供水和排冰凌

(1) 施工期临时通航要求：_____；

(2) 下游供水要求：_____；

(3) 排冰凌要求：_____。

5.3 截流

5.3.1 截流设计

承包人应根据施工图纸的要求及水文气象资料，并结合模型试验成果，以及现场施工条件进行详细的截流设计。其主要内容应包括：截流时段、截流方式（包括龙口位置选择、断面形式及进占方式）、截流落差、截流戗堤轴线位置、水力参数、截流抛投材料的品种和数量、料源、备料场地、主要施工运输设备和运输道路等。

5.3.2 模型试验论证

对大型或重要工程，承包人应进行截流水工模型试验，提交监理人批准，其试验项目包括截流流量选择、龙口尺寸和截流戗堤位置、落差和流速、护底方式、抛投强度、各品种投料数量和顺序、龙口合拢时间，以及配备的测试仪器设备等。

5.3.3 临时断航

在截流期间，对有通航要求的河段，承包人应协助发包人，并配合地方交通部门和灌溉部门，妥善安排好短期断航事项，尽量缩短临时断航时间。

5.4 导流建筑物施工

5.4.1 导流围堰

(1) 承包人应按施工图纸要求和监理人指示进行导流围堰的施工。各种建筑物的施工技术要求，应按本技术条款各有关章节的规定。

(2) 围堰的上升速度应满足安全度汛标准，以及施工进度各时段的挡水要求，并应在各种运行水位工况下保证已施工堰体的稳定和安全。

(3) 围堰拆除：承包人应按施工图纸指定的拆除范围和监理人指示及时拆除，并经监理人验收合格。

5.4.2 导流建筑物封堵

(1) 导流建筑物的封堵应按批准的施工图纸施工。

(2) 施工导流期结束后，承包人应尽早封堵与永久性水工隧洞相连接的导流隧洞部位，并应在导流隧洞结合段的上游侧进行封堵。

5.4.3 导流底孔及未完坝段（或缺口）过水

导流底孔、未完建永久建筑物过水坝段（或缺口）的施工技术要求应遵守本技术条款各专项技术章节的有关规定。

5.5 基坑排水

5.5.1 基坑初期排水

承包人应负责围堰截流闭气后的基坑初期排水,初期排水量可根据围堰闭气后的基坑积水、抽水过程中围堰和基础渗水量、堰身和基坑覆盖层含水量及可能降雨量进行估算,初期排水时间应按基坑边坡的水位允许下降速度控制。

5.5.2 基坑经常性排水

承包人应负责排除基坑内施工期的围堰渗水、基础渗水、降水和施工废水,以及不能从施工场地地表排水系统排除而进入基坑的地表汇水,经常性排水措施计划应提交监理人。

5.5.3 基坑排水设备

承包人应负责提供基坑初期排水和经常性排水所需的全部排水设备和设施,并负责设备和设施的安装、运行和维修。承包人应保证基坑排水设备不间断持续运行,配置应急的备用设备和设施(包括备用电源),避免造成基坑积水而延误工期。

5.6 安全度汛和排冰凌

5.6.1 安全度汛

(1) 每年汛前,发包人应会同承包人对工程的安全度汛措施和工程应达到的施工面貌进行全面检查,确保度汛安全。

(2) 每年汛前,承包人应按批准的安全度汛措施,备足防汛所需的材料和设备。

5.6.2 排冰凌

承包人应按监理人指示,对可能发生凌汛的河流采取有效的排冰凌措施,在每年凌汛前备足必要的排冰凌材料和设备,必要时通过水工模型试验确定破冰的各项参数。

5.7 下闸封堵和下游供水

(1) 承包人应按监理人批准的下闸封堵措施,在规定期限进行下闸封堵。

(2) 在导流泄水建筑物进口闸门下闸后(或封堵完毕后),承包人应按监理人批准的下游供水措施向下游供水。

5.8 施工期临时通航

(1) 除合同另有约定外,承包人应按本合同技术条款的规定和监理人的指示,承担各施工导流期的航运过坝工作,并采取措施保证施工期通航安全。

(2) 在下列条件情况下允许短暂断航:

1) 主河床截流期:得到监理人批准,允许主河床在截流过程中短暂断航_____小时;

2) 下闸封堵期:当临时通航设施已被封堵,而永久通航设施因库水位尚未达到航运水位,可允许短暂断航_____小时;

3) 上述断航措施的费用补偿由发包人另行安排。

5.9 质量检查和验收

5.9.1 导流建筑物的质量检查

本工程的围堰、导流隧洞和明渠、导流底孔建筑物以及临时通航和下游供水建筑物等的土石方开挖、支护工程、土石方填筑工程、地基防渗工程、砌体工程、混凝土工程及钻孔灌浆工程等，应按本技术条款各专项技术章节的规定进行质量检查和验收。

5.9.2 主河床截流前验收

主河床截流前，应按 SL 223—2008 第 6.2.2～6.2.4 条的规定进行主河床截流的阶段验收。

5.9.3 水库蓄水前验收

（1）水库蓄水前，工程建筑物施工应具备以下条件：

1）主体工程建筑物的稳定性和结构安全已达到下闸封堵和安全度汛的要求，永久挡水建筑物下闸封堵水位以下部位已验收完毕，永久泄水建筑物已建成和验收合格；

2）工程施工面貌应达到下闸封堵后不影响未完工程建筑物的后续施工；

3）永久工程建筑物和导流工程的各项闸门和启闭机及其控制系统已安装调试完毕，并达到安全操作要求。必要时，应按监理人指示进行闸门和启闭机的试运行，试运行记录应提交监理人；

4）永久建筑物的安全监测仪器和设备，均已按本技术条款要求埋设和调试完毕，并已取得施工期初始观测数据；

5）水库蓄水位以下的库区工程和移民已完成，库区清理完毕，库区文物古迹的挖掘和迁移保护工作已妥善解决；近坝区的地形测量已完成；

6）水库蓄水影响工程安全运行的渗漏、浸没、滑坡、塌方等已按合同要求进行处理。

（2）承包人应会同监理人按 SL 223—2008 第 6.3.2～6.3.5 条的规定进行水库蓄水前的工程验收。

5.10 计量和支付

（1）承包人按合同要求完成截流方案设计、材料制备与运输、截流施工和水情观测等工作所需的费用，包含在《工程量清单》"工程截流"项目的总价中，发包人不另行支付。

（2）承包人按合同要求完成截流模型试验所需的费用，由发包人按《工程量清单》相应项目的总价支付。

（3）承包人按合同要求完成基坑排水工作（含基坑初期排水和经常性排水）所需的费用，由发包人按《工程量清单》相应项目的总价支付。

（4）承包人按合同要求完成施工期防洪度汛和排冰凌所需的费用，由发包人根据合同具体约定，按《工程量清单》相应项目的总价分年度支付。

（5）除合同另有约定外，承包人完成临时导流泄水建筑物的建设和拆除（或封堵）工作所需的费用，由发包人按《工程量清单》相应项目的工程单价或总价支付；临时导流泄水建筑物的运行维护费用包含在"施工期安全防洪度汛"项目总价中，发包人不另行支付。

（6）施工期临时通航费用（包括断航期内的补偿费用）和向下游供水的费用由发包人按《工程量清单》相应项目的总价支付。

（7）除合同另有约定外，导流泄水建筑物的永久或临时闸门及其启闭机的安拆和建设期运行费用，由发包人按《工程量清单》相应项目的工程单价或总价支付。

第6章 土方明挖

6.1 一般规定

6.1.1 应用范围

（1）本章规定适用于本合同施工图纸所示的永久和临时工程建筑物的基础、边坡、土料场和砂石料场、石料场及其覆盖层等的明挖工程。

（2）本章不包括膨胀性土、多年冻土等特殊地质条件的土方工程。

6.1.2 承包人责任

（1）承包人应根据本合同施工图纸和监理人的指示，按建筑物土方明挖工程的开挖线进行开挖施工。

（2）承包人应对开挖过程中可能引起的滑坡和崩塌体，采取有效的预防性保护措施；在陡坡下施工，应事先做好安全清理和支护。

（3）在已有建筑物附近进行开挖时，承包人必须采取可靠的施工措施，保证其原有建筑物的稳定和安全，并尽可能做到不影响其正常使用。

（4）承包人应在开挖的危险作业地带设置安全防护设施和明显的安全警示标志。

6.1.3 主要提交件

（1）开挖放样资料

每项单位工程开工前_____天，承包人应将开挖前实测地形和开挖放样剖面图提交监理人批准，批准后方可进行开挖。

（2）施工措施计划

承包人应在本工程或每项单位工程开工前_____天，按施工图纸和监理人指示，编制土方明挖工程的施工措施计划，提交监理人批准，其内容包括：

1）开挖施工平面布置图（含施工交通线路布置图）；
2）开挖程序与开挖方法；
3）施工设备的配置和劳动力安排；
4）开挖边坡的排水和边坡保护措施；
5）土料利用和弃渣措施；
6）质量与安全保证措施；
7）主要开挖工程施工进度计划等。

6.1.4 引用标准

（1）《水利工程工程量清单计价规范》（GB 50501—2007）；
（2）《建筑地基基础工程施工质量验收规范》（GB 50202—2002）；
（3）《水利水电工程施工组织设计规范》（SL 303—2004）。

6.2 场地清理

场地清理包括植被清理和表土开挖。其范围包括永久和临时工程、料场、存弃渣场等施工用地需要清理的区域地表。

6.2.1 植被清理

（1）在场地开挖前，承包人应清理开挖区域内的树根、杂草、垃圾、废渣及其它有碍物，主体工程植被清理的挖除树根范围应延伸到离施工图纸所示最大开挖边线、填筑线或建筑物基础外侧3m距离。

（2）除合同另有约定外，主体工程施工场地地表的植被清理，必须延伸至离施工图纸所示最大开挖边线或建筑物基础边线（或填筑坡脚线）外侧至少5m距离。

（3）承包人应注意保护清理区域附近的天然植被，避免因施工不当造成清理区域附近林业和天然植被资源的毁坏，以及对环境保护工作造成的不良后果。

（4）场地清理范围内，承包人砍伐的成材或清理获得具有商业价值的材料应归发包人所有，承包人应按监理人指示将其运到指定地点。

（5）凡属无价值的可燃物，承包人应尽快将其焚毁，并按本技术条款第3章规定确保其周边地区的安全。承包人应按指定的地点掩埋废弃物，掩埋物不得妨碍自然排水或污染河川。

（6）场地清理中发现文物古迹，承包人应按本合同通用合同条款第1.10款的约定办理。

6.2.2 表土的清挖、堆放和有机土壤的使用

含细根须、草本植物及覆盖草等植物的表层有机土壤，承包人应按监理人指示和本技术条款第4.5节的规定合理使用有机土壤，并运到指定地点堆放保存，不得任意处置。

6.3 土方开挖

6.3.1 土方定义

（1）指黄土、粘土、砂土（包括淤沙、粉砂、河砂等）、淤泥、砾质土、砂砾石、松散坍塌体、石渣混合料、软弱的全风化岩体，无须采用爆破技术，直接用手工工具或土方开挖机械进行开挖的土方工程。

（2）土类开挖级别划分，应符合SL 303—2004表C.1.1的规定。

6.3.2 开挖区临时道路

承包人应按SL 303—2004第5.3节的规定，以及监理人批准的施工总布置设计进行场内交通道路布置。

6.3.3 校核测量

承包人应按施工图纸的要求，校核测量开挖区域的平面位置、水平标高、控制桩号、水准点和边坡坡度等。监理人有权随时抽验承包人的校核测量成果，有必要时，监理人可与承包人联合进行校核测量。

6.3.4 临时边坡的稳定

主体工程的临时开挖边坡，应按施工图纸所示或监理人指示进行开挖。对于承包人自行确定的开挖边坡，或临时边坡保留时间过长，经监理人检查有不安全因素时，承包人应立即进行补充开挖和采取保护措施。

6.3.5 基础和边坡开挖

基础和边坡开挖的施工方法应符合SL 303—2004第4.2节的规定。

6.3.6 边坡的护面和加固

为防止修整后的开挖边坡遭受雨水冲刷,边坡的护面和加固工作应在雨季前严格按施工图纸要求完成。冬季施工的开挖边坡修整及其护面和加固工作,应在解冻后进行。

6.3.7 开挖线的变更

在开挖过程中,经监理人批准,承包人可根据土方明挖边坡和基础揭示的地质特性,对施工图纸所示的开挖线作必要修改,涉及合同变更的,应按本合同通用合同条款第15条的约定办理。

6.3.8 边坡安全的应急措施

若开挖过程中出现裂缝和滑动迹象时,承包人应立即暂停施工,并通知监理人。必要时承包人应按监理人的指示设置观测点,及时观测边坡变化情况,并做好记录。

6.4 施工期临时排水

6.4.1 排水措施

(1) 承包人应在每项开挖工程开始前,结合永久性排水设施的布置,规划好开挖区域内外的临时性排水措施,保证主体工程建筑物的基础开挖在干地施工。

(2) 承包人应在边坡开挖前,按施工图纸要求完成边坡上部永久性山坡截水沟的开挖和衬护。对其上部未设置永久性山坡截水沟的边坡面,应由承包人自行加设临时性山坡截水沟。

(3) 在开挖过程中,承包人应做好地面排水设施,包括保持必要的地面排水坡度、设置临时坑槽、使用机械排除积水,以及开挖排水沟道排走雨水和地面积水等。

(4) 在平地或凹地进行开挖时,承包人应在开挖区周围设置挡水堤和开挖周边排水沟,以及采取集水坑抽水等措施,阻止场外水流进入场地,并有效排除积水。

6.4.2 降低地下水位的排水措施

(1) 对位于地下水位以下的基坑需要进行干地开挖时,可根据基坑的工程地质条件采用降低地下水位的措施。并将降低基坑地下水位的施工措施,提交监理人批准。

(2) 采用挖掘机、铲运机、推土机等机械开挖基坑时,应保证地下水位降低至最低开挖面 __0.5m__ 以下。

(3) 在基坑开挖期间,承包人应对基坑及其周围受降低水位影响的地区进行地下水位和地面沉降观测。承包人应将观测点布置、观测仪器设置和定期观测记录提交监理人。

6.4.3 保护永久建筑物和永久边坡免受冲刷

承包人的临时排水措施,应注意保护已开挖的永久边坡面及附近建筑物及其基础免受冲刷和侵蚀破坏。

6.5 土料场和砂砾料场开采

6.5.1 料场开采

(1) 土料场周围及开采区内,应按本章第6.4节的规定设置有效的排水系统和采取必要的防洪措施,以保证土料质量和开挖工作的顺利进行。

(2) 土料和砂砾料的开采和加工处理应符合 SL 303—2004 第4.4.9条、第4.4.10条的规定。

6.5.2 开采结束后的料场整治

料场取料结束后,承包人应按发包人的环境恢复设计及其施工措施计划,以及监理人指示,进行以下料场整治和环境恢复工作。包括:

(1) 开挖边坡面的整治。
(2) 修建环境保护的辅助工程设施。
(3) 按批准的环境恢复要求恢复植被和农田。

6.6 开挖渣料的利用和弃渣处理

6.6.1 可利用渣料的利用

(1) 承包人提交的土方开挖施工措施计划中,应对开挖获得的可利用渣料进行统一规划,渣料应首先专用于本工程永久和临时工程的填筑及场地平整等。

(2) 承包人应按批准的堆渣地点和堆渣方式,将可利用渣料运至指定地点分类堆存。渣料堆体应保持边坡稳定,并设有良好的自由排水措施。

(3) 对监理人确认的可用料,承包人应在开挖、装运、堆存和其它作业时,采取有效的保质措施,保护可利用渣料免受污染和侵蚀。

6.6.2 弃渣处理

弃渣应按批准的土方开挖施工措施计划指定的地点有序堆存,防止雨水冲刷流失,危及施工区及周边地区安全。

6.7 检查和验收

6.7.1 土方开挖前的检查和验收

土方开挖前,承包人应会同监理人进行以下各项检查:

(1) 用于开挖工程量计量的原地形测量剖面的复核检查。
(2) 按施工图纸所示的工程建筑物开挖尺寸进行开挖剖面测量放样成果的检查。承包人的开挖剖面放样成果作为工程量计量的原始依据。
(3) 按施工图纸所示进行开挖区周围排水和防洪保护设施的质量检查和验收。

6.7.2 土方明挖工程完成后的质量检查和验收

(1) 土方基础明挖工程完成后,承包人应会同监理人进行以下各项质量检查和验收:
  1) 按施工图纸要求检查工程基础开挖面的平面尺寸、标高和场地平整度;
  2) 取样检测基础土的物理力学性质指标。

(2) 基础面覆盖前的质量检验和验收:
  1) 基础面覆盖前,应复核检查基础面是否满足本章第6.7.3条第1款的规定;
  2) 对已开挖完成的土基基础开挖面,应在坝体(或砌体)填筑前清除表面的松土层,并按监理人批准的施工方法进行压实,受积水侵蚀软化的土壤应予清除,并应在监理人检验合格后立即进行覆盖;
  3) 上述第(1)项基础面开挖完成后的检查验收,与本项规定的在基础面覆盖前进行的基础清理作业后的检验验收是检查和检验目的和性质不同的两次作业,未经监理人同意,承包人不得将这两次作业合并为一次完成。

(3) 永久边坡的检查和验收:

1) 永久边坡的坡度和平整度的复测检查;
2) 边坡永久性排水沟道的坡度和尺寸的复测检查。

6.7.3 完工验收

各项土方明挖工程完工后,承包人应申请完工验收,并提交以下完工验收资料:

(1) 土方明挖工程竣工平面和剖面图;
(2) 质量检查和验收记录;
(3) 监理人要求提供的其它资料。

6.8 计量和支付

(1) 场地平整按施工图纸所示场地平整区域计算的有效面积以平方米为单位计量,由发包人按《工程量清单》相应项目有效工程量的每平方米工程单价支付。

(2) 一般土方开挖、淤泥流砂开挖、沟槽开挖和柱坑开挖按施工图纸所示开挖轮廓尺寸计算的有效自然方体积以立方米为单位计量,由发包人按《工程量清单》相应项目有效工程量的每立方米工程单价支付。

(3) 塌方清理按施工图纸所示开挖轮廓尺寸计算的有效塌方堆方体积以立方米为单位计量,由发包人按《工程量清单》相应项目有效工程量的每立方米工程单价支付。

(4) 承包人完成本章第 6.2.1 条所列的"植被清理"工作所需的费用,包含在《工程量清单》相应土方明挖项目有效工程量的每立方米工程单价中,发包人不另行支付。

(5) 土方明挖工程单价包括承包人按合同要求完成场地清理,测量放样,临时性排水措施(包括排水设备的安拆、运行和维修),土方开挖、装卸和运输,边坡整治和稳定观测,基础、边坡面的检查和验收,以及将开挖可利用或废弃的土方运至监理人指定的堆放区并加以保护、处理等工作所需的费用。

(6) 土方明挖开始前,承包人应根据监理人指示,测量开挖区的地形和计量剖面,经监理人检查确认后,作为计量支付的原始资料。土方明挖按施工图纸所示的轮廓尺寸计算有效自然方体积以立方米为单位计量,由发包人按《工程量清单》相应项目有效工程量的每立方米工程单价支付。施工过程中增加的超挖量和施工附加量所需的费用,应包含在《工程量清单》相应项目有效工程量的每立方米工程单价中,发包人不另行支付。

(7) 除合同另有约定外,开采土料或砂砾料(包括取土、含水量调整、弃土处理、土料运输和堆放等工作)所需的费用,包含在《工程量清单》相应项目有效工程量的工程单价或总价中,发包人不另行支付。

(8) 除合同另有约定外,承包人在料场开采结束后完成开采区清理、恢复和绿化等工作所需的费用,包含在《工程量清单》第 4 章"环境保护和水土保持"相应项目的工程单价或总价中,发包人不另行支付。

第7章 石方明挖

7.1 一般规定

7.1.1 应用范围

本章规定适用于本工程施工图纸所示的石方明挖工程，包括坝（堰）基、溢洪道、进水口、隧洞进出口（含施工支洞）、引水（导流）明渠、地面厂房、地面变电站、施工临时道路、施工辅助设施和石料场开采的施工。

7.1.2 承包人的责任

（1）承包人应根据本合同施工图纸和监理人的指示，按建筑物的石方明挖工程的开挖线进行开挖施工。

（2）承包人在施工前应详细了解工程地质结构、地形地貌和水文地质情况，对不良地质地段采取有效的预防性保护措施。

（3）承包人应按监理人指定的格式和要求，进行开挖面的地质测绘和地质编录工作。

（4）承包人应按合同约定，完成施工图纸要求的专项爆破试验工作。

7.1.3 主要提交件

（1）施工措施计划

承包人应在本工程每项单位工程开工前_____天，按施工图纸和本技术条款的要求，编制包括下列内容的施工措施计划，提交监理人批准。

1）施工开挖布置图；
2）钻孔和爆破的方法和程序；
3）施工设备配置和劳动力安排；
4）出渣、弃渣和石料的利用措施；
5）边坡的保护加固和排水措施；
6）质量与安全保护措施；
7）主要开挖工程施工进度计划等。

（2）开挖放样剖面资料

每项开挖工程开工前_____天，承包人应将石方开挖前的实测地形和开挖放样剖面，提交监理人复核，经批准后方可进行开挖。

（3）钻爆作业措施计划

在每项单位工程（或开挖区）的开挖作业开始前_____天，承包人应将该项钻爆作业措施计划提交监理人批准。其内容包括：

1）爆破孔的孔径、孔排距、孔深和倾角；
2）炸药类型、单位耗药量和装药结构，单响药量和总装药量；
3）延时顺序、雷管型号和起爆方式；
4）承包人拟采用的任何特殊钻孔和爆破作业方法的说明；
5）爆破参数试验成果。

监理人应在收到爆破作业措施计划的_____天内批复承包人。爆破方案的批准并不减轻承包人对爆破作业应负的施工责任。

7.1.4 引用标准

（1）《爆破安全规程》(GB 6722—2003)；

（2）《建筑地基基础工程施工质量验收规范》(GB 50202—2002)；

（3）《水利水电工程施工通用安全技术规程》(SL 398—2007)；

（4）《水利工程工程量清单计价规范》(GB 50501—2007)；

（5）《水利水电工程施工组织设计规范》(SL 303—2004)；

（6）《水利水电工程天然建筑材料勘察规程》(SL 251—2000)；

（7）《水工建筑物岩石基础开挖工程施工技术规范》(SL 47—1994)。

7.2 钻孔与爆破

7.2.1 爆破作业安全

爆破作业安全应遵守 SL 398—2007 第 8 章的有关规定。

7.2.2 爆破材料的试验和选用

承包人应根据本工程的实际使用条件和监理人批准的钻爆措施计划中规定的技术要求选用爆破材料，每批爆破材料使用前应进行材料性能试验，试验报告应提交监理人。

7.2.3 控制爆破

边坡和基础开挖必须按以下各项要求进行控制爆破：

（1）承包人应对岩质基础、边坡、马道的所有轮廓线上的垂直、斜坡面采用控制爆破。

（2）紧邻设计建基面、设计边坡、建筑物或防护目标，应采用毫秒延时起爆网络，不应采用大孔径爆破方法。

（3）钻孔爆破施工应遵守 SL 47—1994 第 3.3 节的规定。

（4）在新浇混凝土、新灌浆区、新喷锚支护区和已建建筑物附近进行爆破，以及在特殊要求部位进行爆破作业时，必须制定专门的爆破措施方案。

（5）对廊道、齿槽和其它特殊沟槽等开挖必须进行控制爆破设计，并通过爆破试验调整其爆破参数。

（6）预裂爆破、梯段爆破、台阶爆破和特殊部位的爆破，其所用的参数和装药量应由承包人通过专项爆破试验确定，试验成果应提交监理人批准。

（7）对爆破空气冲击波和飞石要做好控制与防护措施，以免危及机械设备和人身安全。

7.3 石方明挖

7.3.1 岩石分级和石方定义

（1）岩石开挖级别划分应参照 SL 303—2004 表 C.1.2 的建议值，结合本工程项目的具体地质特征选定。

（2）石方明挖系指本章第 7.1.1 条所列的开挖工程项目需要进行（或系统）钻孔和爆破作业的岩石开挖工程。

7.3.2 岩石开挖的技术要求

（1）承包人应采取有效措施确保边坡、基础及其邻近建基面，以及坑、槽部位的开挖质量。除按本技术条款第7.2.3条做好控制爆破外，还应遵守 SL 47—1994 第2.1节的有关规定。

（2）裂隙较发育部位的基础面，应在清除裂隙松动岩石后，进行喷混凝土保护。

7.4 施工期临时排水

承包人应遵遵守本技术条款第6.4节施工期临时排水的有关规定。

7.5 堆渣场地和渣料利用

7.5.1 堆渣场地

（1）开挖出的渣料，除安排直接运往使用地点外，其余渣料（包括弃渣料）均应按本合同要求分类堆放在指定的存、弃渣场。

（2）用作堆存可利用渣料的场地，应按监理人的要求进行场地清理和平整处理，渣料堆存应按施工措施计划要求分层进行，并便于取料。

（3）堆渣位置、范围和高程必须严格按施工图纸和监理人指示实施，严禁将可利用渣料与弃渣混杂装运和堆存。承包人应保护渣料堆体的边坡稳定，做好堆渣体周围的排水设施。

7.5.2 渣料利用

按合同约定凡可利用的开挖渣料应属发包人所有。承包人需要使用本工程渣料时，应经监理人批准。承包人应采取合理的爆破、装运和堆渣措施，以提高渣料的利用率。

7.6 石料场

7.6.1 料场规划

承包人应按 SL 303—2004 第4.4.8条的规定，编制石料场开采规划，提交监理人批准。

7.6.2 石料场开采

（1）承包人应按料场开采规划制定的作业措施，将表土和覆盖层剥离至可用石层为止。其剥离的有机土壤和废土应按本技术条款第6.2.1条、第6.2.2条的规定，运往指定地点堆放。

（2）开采石料采用台阶钻孔爆破分层开采的施工方法。台阶高度、钻孔布置和单位炸药量，应针对采区的具体情况通过试验确定，试验成果应提交监理人。

（3）在开采过程中，遇有比较集中的软弱带时，应按监理人指示予以清除，严禁在可利用料内混杂废渣料，可利用料和废渣料均应分别装运至指定的存料场和弃渣场堆存。

7.6.3 开采范围的调整

在石料场开采过程中，承包人应根据石料的质量和使用情况，对料场的开采范围作出局部调整。必要时应编制料场调整报告，提交监理人批准。

7.6.4 爆破试验和爆破参数的优化

石料场的开采爆破必须采取控制爆破措施，承包人应通过试验优选石料开采的爆破参数，开采的石料应符合本合同规定的各项用途。爆破试验的成果应提交监理人。

7.6.5 料场整治

在施工过程中，承包人应按监理人指示，对不稳定的边坡应进行必要的处理，防止发生坍塌或形成泥石流，危及下游安全。承包人应按本技术条款第4章的规定，对石料场开挖后的场地进行必要的整治。

7.7 质量检查和验收

7.7.1 边坡开挖工程的质量检查和验收

承包人应会同监理人，对边坡开挖工程进行以下项目的质量检查和验收。

（1）边坡开挖前，应进行以下质量检查工作：

1）按施工图纸所示检查边坡开挖剖面和测量放样成果，经监理人复核批准后，作为开挖工程量计量的依据；

2）对边坡开挖区上部危岩进行清理，经监理人检查确认安全后，才能开始边坡开挖；

3）按施工图纸和监理人的指示，对边坡开挖区周围排水设施的完工质量进行检查，经监理人确认合格后才能开始边坡开挖。

（2）边坡开挖过程的定期检查

在边坡开挖过程中，应按本技术条款第7.3.2条的规定，定期检查开挖剖面规格和边坡软弱岩层及破碎带等不稳定岩体的处理质量，经监理人检查确认安全后，才能继续开挖。

（3）边坡开挖工程验收

每项边坡开挖工程完工后，承包人应为边坡开挖工程的验收，提交以下资料：

1）边坡开挖面的完工平面和剖面图；

2）承包人的质量检查记录；

3）监理人的质量验收签证。

7.7.2 岩石基础开挖的质量检查和验收

承包人应会同监理人进行以下的质量检查和验收：

（1）岩石基础开挖至临近建基面时，承包人应会同监理人对基础开挖的爆破措施进行严格检查，以确保建基面的开挖质量。

（2）建基面基础开挖完成后，承包人应为建基面基础验收，提交以下资料：

1）开挖竣工后实测平面和剖面图；

2）建基面岩体检测成果（超声波测试）；

3）承包人的质量检查记录；

4）监理人的质量验收签证；

5）监理人要求提交的其它质量验收资料。

（3）承包人应在岩基面基础的建筑物被浇筑（或砌筑）覆盖前，对岩基面基础进行基础清理和验收。经监理人验收合格后，才能继续施工。

本项规定的建基面检查验收与建筑物浇筑（或砌筑）前的基础清理验收是性质和目的不相同的两次验收，未经监理人同意，承包人不得将这两次验收合并为一次完成。

7.7.3 完工验收

石方明挖工程全部完成后，承包人应按本合同约定，向监理人申请完工验收，并提交以下完工验收资料：

（1）石方明挖工程竣工平、剖面图。

（2）质量检查记录。

（3）弹性纵波波速检测成果。

(4) 监理人要求提供的其它资料。

7.8 计量和支付

(1) 石方明挖和石方槽挖按施工图纸所示轮廓尺寸计算的有效自然方体积以立方米为单位计量，由发包人按《工程量清单》相应项目有效工程量的每立方米工程单价支付。施工过程中增加的超挖量和施工附加量所需的费用，应包含在《工程量清单》相应项目有效工程量的每立方米工程单价中，发包人不另行支付。

(2) 直接利用开挖料作为混凝土骨料或填筑料的原料时，原料进入骨料加工系统进料仓或填筑工作面以前的开挖运输费用，不计入混凝土骨料的原料或填筑料的开采运输费用中。

(3) 承包人按合同要求完成基础清理工作所需的费用，包含在《工程量清单》相应开挖项目有效工程量的每立方米工程单价中，发包人不另行支付。

(4) 石方明挖过程中的临时性排水措施（包括排水设备的安拆、运行和维修）所需费用，包含在《工程量清单》相应石方明挖项目有效工程量的每立方米工程单价中。

(5) 除合同另有约定外，当骨料或填筑料原料由石料场开采时，原料开采所发生的费用和开采过程中弃料和废料的运输、堆放和处理所发生的费用，均包含在每吨（或立方米）材料单价中，发包人不另行支付。

(6) 除合同另有约定外，承包人对石料场进行查勘、取样试验、地质测绘、大型爆破试验以及工程完建后的料场整治和清理等工作所需费用，应包含在每吨（或立方米）材料单价或《工程量清单》相应项目工程单价或总价中，发包人不另行支付。

第8章 地下洞室开挖

8.1 一般规定

8.1.1 应用范围

（1）本章规定适用于本合同施工图纸所示各类地下洞室，包括平洞、斜井、竖井、大跨度洞室、临时施工支洞的开挖，以及已建成地下洞室的扩大开挖等。其工作内容包括洞线测量、施工期排水、照明和通风、钻孔爆破、围岩监测、塌方处理、完工验收前的维护，以及将开挖石渣运至指定地区堆存和废渣处理等工作。

（2）本章规定适用于钻爆法开挖。若采用掘进机施工时，其施工技术要求应另行规定。

8.1.2 承包人的责任

（1）承包人应按施工图纸与监理人指示，以及本技术条款规定进行地下洞室的开挖施工。

（2）承包人应对地下洞室开挖的施工安全负责。承包人应按本技术条款的规定做好围岩稳定的安全保护工作，防止洞（井）口及洞室发生塌方、掉块危及人员安全。

（3）承包人应做好地下工程施工现场的粉尘、噪声和有害气体的安全防护工作，并应进行必要的施工安全监测工作。

（4）承包人应按监理人批准的施工措施计划，以及本技术条款第4章的规定，在监理人指定的地点堆放石渣。

（5）开挖过程中，承包人应按监理人指定的格式和要求作好施工地质编录。

（6）开挖过程中，承包人应负责保护好已埋设的安全监测仪器设备等，施工中因保护措施不妥，造成监测仪器设备破坏或失效，应由承包人按监理人指示进行处理。

8.1.3 主要提交件

（1）地下工程开挖措施计划

承包人应在地下工程开挖前_____天，按施工图纸要求和本技术条款的规定，编制下述内容的施工措施计划，提交监理人批准。

1）地下工程开挖施工布置和开挖程序图；

2）施工辅助洞布置图、开挖、支护及封堵图；

3）开挖设备和辅助设施的配置；

4）钻孔爆破方法与控制超挖措施；

5）主要建筑物开挖分层分块划分及施工程序说明；

6）爆破试验计划；

7）地质缺陷部位处理措施；

8）出渣、弃渣以及渣料利用措施；

9）洞口保护和围岩稳定的支护措施以及塌方处理措施；

10）通风和散烟、除尘及空气监测安全措施；

11) 照明设施；
12) 排水措施；
13) 通信、信号和报警设施；
14) 施工进度计划、材料供应计划及劳动力安排；
15) 安全保证措施；
16) 施工期围岩稳定监测措施。

(2) 施工记录报表

承包人应按监理人指示，每月提交各项地下工程开挖的施工记录报表，其内容应包括：

1) 各开挖工作面进尺及实际作业循环情况；
2) 实测开挖断面测量成果以及本期和累计完成开挖工程量；
3) 塌方和特殊事故处理；
4) 地下工作场地定点的空气质量监测资料；
5) 设备运行和检修记录；
6) 钻爆器材和材料消耗记录；
7) 监理人要求提供的质量检查和验收记录。

8.1.4 引用标准

(1)《爆破安全规程》（GB 6722—2003）；
(2)《锚杆喷射混凝土支护技术规范》（GB 50086—2001）；
(3)《水利水电工程地质勘察规范》（GB 50287—1999）；
(4)《环境空气质量标准》（GB 3095—1996）；
(5)《水利水电建设工程验收规程》（SL 223—2008）；
(6)《水利水电工程施工通用安全技术规程》（SL 398—2007）；
(7)《水工建筑物地下开挖工程施工技术规范》（SL 378—2007）；
(8)《水工建筑物岩石基础开挖工程施工技术规范》（SL 47—1994）；
(9)《水利水电工程施工测量规范》（SL 52—1993）。

8.2 施工期补充勘探

8.2.1 超前勘探

(1) 监理人认为有必要时，承包人应按监理人指定的掌子面钻设勘探孔和（或）开挖勘探洞，以查清地下洞室中尚未开挖岩体的地质情况，及时调整掌子面后的开挖断面尺寸和支护措施。经监理人批准的超前勘探，其勘探费用由发包人承担。

(2) 地下洞室超前勘探孔、洞的各项爆破参数应由监理人与承包人共同商定；承包人应将勘探孔、洞的各项施工参数提交监理人批准。

(3) 承包人完成超前勘探后，应立即通知监理人查看超前勘探孔的钻孔岩芯及钻进记录，以及勘探洞的地质测绘资料，并及时将超前勘探资料提交监理人。

(4) 开挖过程中，由于超前预报而推迟开挖作业时间，应由监理人与承包人共同商定，给予合理的进度补偿。

8.2.2 不良地质洞段的补充勘探

地下工程开挖过程中遇及岩溶发育、岩性软弱、地质构造复杂、地下水丰富、上覆岩层厚度小于_____倍洞径等不良地质与成洞困难的洞段时，承包人应按监理人指示进行补充勘探，补充勘探的地质测绘资料提交监理人。其本合同外增加的勘探费用，由发包人支付。

8.3 地下洞室与洞群的开挖和支护

8.3.1 开挖和支护程序

对于大型地下洞室和（或）地下洞群的开挖和支护，承包人应按本合同施工图纸和技术条款的要求，以及批准的施工措施计划，进行地下洞室开挖和支护程序设计，并编制地下洞室和（或）地下洞群的开挖支护程序和施工措施提交监理人批准。其内容包括：

(1) 大型地下洞室的分层开挖和支护程序；
(2) 地下洞群各洞室分区、分部开挖和支护程序；
(3) 地下洞室和地下洞群的支护设计方案及支护结构类型；
(4) 开挖和支护过程的围岩变形和稳定监测计划及其监测设施；
(5) 质量和安全保证措施。

8.3.2 及时支护措施

(1) 承包人应严格按监理人批准的地下洞室和（或）地下洞群开挖和支护程序，及时进行各洞室的开挖和支护。

(2) 开挖过程中，承包人应按监理人批准的围岩变形和稳定监测计划，立即埋设监测仪器，进行监测和作好监测记录，并应及时将监测记录和分析资料提交监理人。

8.3.3 施工期监测和支护参数的调整

(1) 承包人应按监理人指示，根据围岩变形和稳定的监测成果，及时调整作业程序和支护参数，确保地下洞室和（或）地下洞群开挖和支护的质量和施工安全。

(2) 开挖过程中，若承包人根据施工需要，要求变更已批准的开挖和支护程序，应编制专项技术措施，提交监理人批准。未经监理人批准，承包人不得擅自变更。

8.4 钻孔与爆破

8.4.1 钻孔和爆破措施

(1) 承包人进行任何洞室的钻孔爆破作业，必须按本技术条款第8.1.3条的规定，向监理人提交钻孔和爆破措施，经监理人批准后方可进行施工。

(2) 在开挖过程中，承包人应根据地质情况的变化及时调整钻孔和爆破参数，以保证爆破后的开挖面达到设计要求。调整的钻孔爆破参数，应经监理人批准。

8.4.2 钻孔爆破试验

(1) 承包人在正式开始洞室开挖作业前，应按监理人批准的开挖和爆破措施，进行必要的现场爆破试验，爆破参数的试验记录应提交监理人。

(2) 地下洞室爆破前，承包人应按SL 378—2007第6.1.4条的规定，负责进行专门的钻孔爆破设计提交监理人批准。

(3) 地下洞室的开挖应选用岩类相似的试验洞段进行光面爆破和预裂爆破试验，试验采用的参数可参照SL 378—2007附录D选用。试验成果应提交监理人。爆破试验与监测的内容应符合SL 378—2007第6.3节规定。

8.4.3 钻孔爆破施工

（1）地下工程的钻孔和爆破作业，应由经考核合格的炮工负责实施。

（2）钻孔的测定和开孔质量应符合 SL 378—2007 第6.2.3条的规定。

（3）炮孔的装药、堵塞和引爆线路的联结，应按监理人批准的钻孔和爆破措施执行。

（4）光面爆破和预裂爆破效果应符合 SL 378—2007 第6.2.7条的规定。

（5）每项钻孔、爆破和支护作业完成，并经监理人检查合格后，方可进行下道工序作业。

8.4.4 爆破振动控制

在地下洞室施工中，承包人应保护好已完成混凝土衬砌、压力灌浆和支护结构等部位不受损坏。爆破质点振动安全允许标准，应参照《水工建筑物地下开挖工程施工规范》（SL 378—2007）表 D.0.3-1 的建议值，结合本工程项目的具体要求选定。

8.5 开挖面的规格

8.5.1 开挖支付线的规定

施工图纸中标明的开挖线为付款的依据，超出开挖线以外的超挖，及其在超挖空间内回填混凝土或其它回填物所发生的费用，均由承包人承担。

8.5.2 开挖面欠挖清理

对于有混凝土衬砌的洞室，不允许有欠挖，伸入设计开挖线以内的欠挖，均应由承包人按监理人指示负责清除，其费用由承包人承担。

8.5.3 施工措施不当引起的超挖

除监理人认可的地质原因引起的超挖外，承包人在开挖过程中由于施工措施不当造成的超挖，包括为超挖需要回填的材料，其费用由承包人承担。

8.5.4 地质原因引起的超挖

（1）可预见地质原因引起的超挖是指施工图纸中已标示了明确的地质特征，但承包人在施工中未采取有效的控制爆破措施，或未按施工图纸的要求或监理人的指示及时进行支护而发生的超挖，其费用由承包人承担。

（2）不可预见地质原因引起的超挖是指在施工图纸中未标明地质特征，而承包人已按施工图纸要求或监理人指示施工，但仍发生超挖，经监理人核准后，其费用由发包人承担。

8.5.5 施工需要增加的开挖

承包人为了施工需要（如布置施工设备，以及避车、回车需要扩大的开挖断面）增加的开挖量，以及由此增加回填的费用，均应由承包人承担。

8.6 开挖面清理

8.6.1 开挖面的清撬

爆破后和出渣前，承包人应清撬所有开挖面上残留的危石碎块，确保进入洞内的人员和设备安全。在施工过程中，承包人应经常检查已开挖洞段的围岩稳定情况，及时清撬可能塌落的松动岩块。

8.6.2 开挖面的冲洗

对爆破后的岩石开挖面，承包人应在进行支护或混凝土衬砌前用高压水或用高压风冲洗干净，并清除岩石碎片、尘埃、碎屑和爆破泥粉，以便查清围岩中的软弱结构面，供地质编录和采取支护措施。

8.7 地下洞室的二次扩挖

8.7.1 二次扩挖的定义

根据监理人指示，承包人对已完成开挖的地下洞室进行第二次扩大开挖，称为二次扩挖。

8.7.2 二次扩挖的计量原则

二次扩挖工程量按设计开挖线与二次扩挖线之间的体积进行计算，设计要求扩挖尺寸小于15cm者，按15cm计算。

8.8 特殊部位开挖

地下洞室特殊部位的开挖，应遵守 SL 378—2007 第5.6节的规定执行。

8.8.1 洞（井）口开挖和处理

（1）各地下工程的洞（井）口掘进前，承包人应仔细勘察洞（井）口山坡岩石的稳定性，并将有关地质测绘资料提交监理人，按监理人指示对危险部位进行处理和支护。

（2）洞（井）口削坡应自上而下进行，严禁上下垂直作业。洞（井）口边坡面的危石清理、支护加固、马道开挖及排水等工作，应在洞脸和洞（井）口段的开挖前完成。

（3）洞口段开挖应遵守 SL 378—2007 第5.2节的有关规定。

（4）洞（井）口起始洞段的开挖，应采取有效的控制爆破措施，防止爆破震动造成洞顶山坡和洞口岩石发生震裂、松动和塌方；起始洞段的围岩软弱破碎时，承包人应制定边开挖、边支护的施工措施，并报送监理人批准后实施。

8.8.2 洞室交叉部位及高边墙开挖

（1）洞与洞、洞与井等交叉部位在掘进前应按施工图纸和监理人指示做好锁口和超前支护以确保安全。必要时，应按监理人指示进行洞室交叉部位围岩的安全监测。

（2）高边墙部位的开挖，其最大允许质点振动安全速度应不超过 _____ cm/s；其余洞段应满足 SL 378—2007 表 D.0.3-1 的要求。

（3）相邻两洞室间的岩墙或岩柱，应及时按监理人指示做好支护措施，确保岩体稳定。

8.8.3 混凝土衬砌和支护结构的保护

（1）在开挖过程中，承包人应注意保护地下混凝土衬砌、灌浆和支护结构不受损坏。在已完成的衬砌、灌浆和支护结构附近进行爆破时，应按本技术条款第8.4.4条的规定，控制爆破参数及安全爆破距离。

（2）由于爆破或其它任何操作原因造成衬砌、灌浆和支护结构的损坏或变形，均应由承包人负责修复，其费用由承包人承担。

（3）在洞室锁口衬砌段等重要部位附近进行爆破施工时，其衬砌结构的模板应在开挖作业全部完成后拆除。必要时，还应按监理人指示增加保护措施。

8.9 地下照明和通风

8.9.1 地下照明

在地下工程施工期间，承包人应按本技术条款第3.2.5条的规定及SL 378—2007表12.3.10的建议值，结合本工程项目的具体要求，提供各地下开挖工作面的全部照明。

8.9.2 地下通风

通风与防尘应遵守《水工建筑物地下开挖工程施工规范》(SL 378—2007)第11章的规定。

8.10 地下水的控制和排除

8.10.1 一般要求

(1) 承包人应采取必要的防护措施，防止地表水倒灌进入地下洞室。防护工程应由承包人负责设计、施工和维护。

(2) 承包人应根据发包人提供的地下水勘探资料，估计排水量及其排水范围，负责设计、采购、安装和维护全部地下施工排水系统。承包人应在地下开挖施工前＿＿＿＿天，编制一份地下排水系统设计和地下水控制措施，提交监理人批准。

(3) 若在施工过程中出现地下涌水等异常情况时，承包人应立即采取紧急措施控制涌水，并立即通知监理人。

(4) 地下水应排至不会重新流入地下工作面的地区，还应防止排出的水流导致地表冲刷。

8.10.2 排水设备和量测仪表

(1) 在地下开挖期间，承包人除应按监理人指示执行，以及遵守SL 378—2007第12.2.7条的规定外，还应根据批准的排水系统及其布置，负责设置足够的排水设备和设施（包括量测仪表），并负责全部排水设备和设施的采购、运输、安装和维护。

(2) 若地下排水量超出预定的数量和范围，导致承包人排水系统的抽水设备能力不足时，承包人有责任增装排水设备，由此增加的费用，经监理人签认后，由发包人支付。

(3) 承包人应按监理人批准的水流控制计划，采购、安装和维修地下水量测仪表。所有量测仪表均应具有产品合格证书，并由具有鉴定资质的单位进行鉴定和校正。

8.11 地下开挖石渣的利用和弃置

8.11.1 地下开挖石渣的利用

凡在地下工程中开挖出的可用料，应按本工程混凝土浇筑和土石方填筑对利用石料的不同技术要求分区有序堆放。由于承包人施工措施不当造成上述开挖料的报废，应由承包人承担责任。

8.11.2 地下工程开挖石渣的弃置

地下工程开挖的弃渣，应按本技术条款第4章的有关规定弃置至指定地点。

8.12 质量检查与验收

8.12.1 地下洞室开挖前检查

地下洞室开挖前，承包人应会同监理人进行地下洞室测量放样成果的检查，并对地下洞室洞口边坡的安全清理质量进行检查，确认其洞口边坡安全后，才能开始进洞施工。

8.12.2 地下洞室开挖质量的检查和验收

(1) 隧洞开挖过程中，承包人应会同监理人定期检测地下洞室中心线的定线误差。各项地下洞室开挖的贯通测量允许极限误差值应符合 SL 378—2007 表 4.0.2-1 的要求。

(2) 地下洞室开挖完成后，承包人应会同监理人按施工图纸和本技术条款第 8.5 节、第 8.6 节的规定，对地下洞室开挖断面的规格和开挖质量进行检查和验收。

8.12.3 完工验收

地下洞室开挖工程完工后，应向监理人申请进行完工验收，并提交完工验收资料：

(1) 地下洞室开挖竣工图；

(2) 地下洞室开挖实测纵、横剖面图；

(3) 地下洞室围岩地质测绘资料、水文地质监测资料；

(4) 地下洞室开挖事故处理记录；

(5) 施工缺陷处理记录；

(6) 施工支洞开挖、支护及封堵竣工图；

(7) 监理人要求提供的其它完工资料。

8.13 计量和支付

(1) 地下洞室开挖按施工图纸所示轮廓尺寸计算的有效自然方体积以立方米为单位计量，由发包人按《工程量清单》相应项目有效工程量的每立方米工程单价支付。

(2) 不可预见地质原因引起的超挖工程量，以及相应增加的支护和回填工程量所发生的费用，由发包人按《工程量清单》相应项目或变更项目的每立方米工程单价支付。除此之外，其它因素引起的超挖工程量以及相应增加的支护和回填工程量所需的费用，均包含在《工程量清单》相应项目有效工程量的每立方米工程单价中，发包人不另行支付。

(3) 承包人因自身施工需要开挖的施工排水集水井、临时排水沟、避车洞、施工设备安装间等，其开挖、支护及回填工程量所需的费用，均包含在《工程量清单》相应项目有效工程量的每立方米工程单价中，发包人不另行支付。

(4) 由于非承包人原因修改设计开挖轮廓尺寸，并需要进行二次扩挖时，其扩挖工程量按本技术条款第 8.7 节所述的方法计量，由发包人按《工程量清单》相应项目或变更项目的每立方米工程单价支付。

(5) 地下开挖所需的排水、照明和通风等所需的费用，均包含在《工程量清单》相应项目有效工程量的每立方米工程单价中，发包人不另行支付。

(6) 地下洞室超前勘探洞开挖按施工图纸所示轮廓尺寸计算的有效工程量以米（或立方米）为单位计量，由发包人按《工程量清单》相应项目有效工程量的每米（或立方米）工程单价支付。

第9章 支 护 工 程

9.1 一般规定

9.1.1 应用范围

本章规定适用于本合同施工图纸所示的各类边坡工程和地下洞室开挖后的围岩永久支护及临时支护。其主要支护结构类型包括锚杆、喷射混凝土、预应力锚索、抗滑桩、锚固洞、挡墙、护壁、护坡、护网、钢支撑、管棚等用于边坡和地下洞室的支护和支挡结构。

9.1.2 承包人的责任

(1) 承包人应按施工图纸和监理人指示，及时进行本工程项目的边坡和地下洞室围岩的支护。

(2) 在地下开挖和支护过程中，承包人应按监理人批准的围岩稳定监测措施，对洞室围岩和边坡进行变形监测。

(3) 承包人应在开挖工程现场储备一定数量的锚杆、钢支撑、喷射混凝土等的材料、配件和有关设备，以备遇有可能发生坍塌的危险情况时，及时采取紧急支护措施。

9.1.3 主要提交件

(1) 施工措施计划

承包人在提交地下洞室和边坡开挖工程施工措施计划的同时，应根据施工图纸和监理人指示，编制支护工程的施工措施计划，提交监理人批准，其内容包括：

1) 支护工程范围及其支护方案选择；
2) 工程地质资料和数据；
3) 支护结构型式和细部设计；
4) 支护用的施工设备清单；
5) 各项支护材料试验成果；
6) 边坡和地下洞室的围岩稳定监测方法；
7) 质量和安全保证措施。

(2) 施工记录和质量报表

承包人应为监理人进行质量检查提交各项工程的施工记录报表，其内容包括：

1) 岩石锚杆、预应力岩锚和喷射混凝土的支护时间和完成工程量统计；
2) 材料试验成果；
3) 质量检查和检测记录；
4) 质量事故处理记录。

9.1.4 引用标准

(1)《预应力混凝土用钢绞线》(GB 5224—2003)；
(2)《预应力混凝土用钢丝》(GB 5223—2002)；
(3)《锚杆喷射混凝土支护技术规范》(GB 50086—2001)；

(4)《水利水电工程锚喷支护施工技术规范》(SL 377—2007);
(5)《水工建筑物地下开挖工程施工规范》(SL 387—2007);
(6)《水利水电工程物探规程》(SL 326—2005);
(7)《水工预应力锚固施工规范》(SL 46—1994);
(8)《水工建筑物水泥灌浆施工技术规范》(SL 62—1994);
(9)《预应力筋用锚具、夹具和连接器》(GB/T 14370—2000);
(10)《无粘结预应力钢绞线》(JG 161—2004);
(11)《钢筋机械连接通用技术规程》(JGJ 107—2003)、(J 257—2003);
(12)《钢筋焊接接头试验方法标准》(JGJ/T 27—2001);
(13)《水电水利工程岩壁梁施工规程》(DL/T 5198—2004);
(14)《水电水利工程预应力锚索施工规范》(DL/T 5083—2004)。

9.2 锚杆（岩石锚杆）

9.2.1 锚杆类型

明挖边坡和地下洞室锚喷支护采用以下类型的锚杆：
(1) 水泥砂浆锚杆；
(2) 张拉锚杆；
(3) 水工预应力锚杆；
(4) 缝管式锚杆；
(5) 水胀式锚杆；
(6) 花管注浆锚杆；
(7) 自钻式注浆锚杆。

9.2.2 材料

锚杆材料应遵守 SL 37—2007 第 5.1.2 条的规定。

9.2.3 锚杆孔的钻孔

锚杆孔的钻孔施工应遵守 SL 37—2007 第 5.1.1 条的规定。

9.2.4 锚杆的施工和安装

各种类型锚杆的施工和安装应遵守 SL 377—2007 第 5 章有关的规定。

9.2.5 锚杆的注浆

锚杆的注浆应符合 SL 377—2007 第 5.2.3 条的有关规定。

9.2.6 锚杆的质量检查和验收

(1) 锚杆钻孔规格的抽检：应按监理人指示的抽验范围和数量，对锚杆孔的钻孔孔径、深度和倾斜度进行抽查并作好记录。

(2) 锚杆的材质检验应遵守 SL 377—2007 第 10.1.1 条规定。

(3) 锚杆的施工质量检查应遵守 SL 377—2007 第 10.1.2～10.1.4 条规定。锚杆的注浆密实度检测应由监理人根据作业分区和现场实际情况指定抽查范围，其抽查比例不得低于锚杆总数的＿＿＿％。

(4) 承包人应将每批锚杆材质的抽验记录、每项注浆密实度试验记录和成果、锚杆孔钻孔记录、各作业区的锚杆施工检测记录等验收资料提交监理人，由监理人逐项验收。

9.3 预应力锚索

本节所述的预应力锚索包括全长粘结预应力锚索、无粘结预应力锚索、拉力分散型锚索、压力分散型锚索和双重保护无粘结锚索。

9.3.1 预应力锚索张拉试验

(1) 预应力锚索施工前，承包人应按施工图纸要求和监理人指示进行锚索张拉试验，张拉次序应严格按施工图纸进行，试验锚索的数量和位置由监理人确定。

(2) 进行锚索试验时，应认真记录压力传感器和千斤顶的读数，以及试验锚索不同张拉吨位的伸长值，记录成果应提交监理人。进行试验性张拉时，应有监理人在场。

9.3.2 预应力锚索的钢绞线及其锚具

(1) 全长粘结预应力锚索使用的钢绞线应符合施工图纸要求和遵守 GB 5224—2003 和 GB 5223—2002 的有关规定。

(2) 无粘结预应力锚索使用的钢绞线应遵守 JG 161—2004 的有关规定。

(3) 预应力锚索使用的锚具应遵守 GB/T 14370—2000 的有关规定。

9.3.3 预应力锚索孔的造孔

(1) 预应力锚索的造孔应符合施工图纸要求和遵守 SL 46—1994 第 3.1 节和第 3.2 节的规定。

(2) 预应力锚索的锚固端应位于稳定的基岩中，若孔深已达到预定施工图纸所示的深度，而锚固端仍处于破碎带或断层等软弱岩层时，应延长孔深，继续钻进至监理人认可为止。

(3) 在堆积体、崩积层等松散体中钻孔，应采取套管跟进保护。待套管保护的钻孔钻至设计孔深，并用高压风彻底冲洗钻孔后，并在套管内放入保护管，才能将套管拔出。

9.3.4 预应力锚索的制作与安装

预应力锚索的制作与安装应遵守 SL 46—1994 第 4 章的规定。

9.3.5 预应力锚索的张拉

预应力锚索的张拉应遵守 SL 46—1994 第 5 章的规定。

9.3.6 预应力锚索的防护

预应力锚索安装完成后的防护应遵守 SL 46—1994 第 6 章的规定。

9.3.7 预应力锚索的质量检查和验收

(1) 预应力锚索施工的质量检查应按 SL 46—1994 第 8.2 节的规定进行。

(2) 预应力锚索施工中，应按施工图纸和监理人指示随机抽样进行验收试验，抽样数量不应小于三束。对高边坡预应力锚索的验收试验必须在张拉后及时进行。

(3) 承包人应将预应力锚索工程的各项质量检查记录、试验成果，以及预应力锚索验收记录和抽样检查记录提交监理人审查后作为预应力锚索工程的完工验收资料。

9.4 喷射混凝土

本节规定适用于本工程施工图纸所示的素喷射混凝土、锚杆喷射混凝土、钢纤维（或微纤维）喷射混凝土、钢筋网（或钢丝网）及钢支撑喷射混凝土等喷射混凝土施工作业。

9.4.1 喷射混凝土工艺措施报告

承包人应在喷射混凝土施工作业开始前,将各项喷射混凝土作业的工艺措施报告,提交监理人批准。

9.4.2 材料和配合比

(1) 用于喷射混凝土的水泥、砂石料、水、外加剂、钢纤维、钢筋(丝)网等应遵守 SL 377—2007 第6.1节的有关规定。

(2) 喷射混凝土配合比应通过室内试验和现场试验选定,并符合施工图纸要求和遵守 SL 377—2007 第6.3.1条的规定,试验成果应提交监理人。

(3) 速凝剂的掺量应通过现场试验确定,喷射混凝土的初凝和终凝时间,应满足施工图纸和现场喷射工艺的要求。

9.4.3 配料、拌和及运输

(1) 喷射混凝土的配料应遵守 SL 377—2007 第6.3.2条的规定。

(2) 混合料搅拌时间应遵守 SL 377—2007 第6.3.3条的规定。

(3) 混合料运输应严防雨淋、滴水及混入大块石等杂物,装入喷射机前应过筛,干混合料应随拌随用;无速凝剂掺入的混合料,存放时间不应超过2小时,干混合料掺入速凝剂后,存放时间不应超过20秒。

9.4.4 喷射混凝土施工

(1) 喷射混凝土的准备工作应遵守 SL 377—2007 第6.4节的规定。

(2) 喷射混凝土作业应遵守 SL 377—2007 第6.5节的规定。

(3) 钢纤维喷射混凝土的作业应遵守 SL 377—2007 第6.7节的规定,钢纤维掺量应根据试验确定,并提交监理人批准。

(4) 钢纤维喷射混凝土施工,除遵守上述规定外,还应符合下列要求:

1) 搅拌混合料时应采用钢纤维播料机往混合料中加钢纤维,搅拌时间不小于 __180 秒__ ;

2) 钢纤维在混合料中应分布均匀,不得成团;

3) 在钢纤维喷射混凝土喷射结束后,应在其表面再喷一层厚度为 __10mm__ 的水泥砂浆,其强度等级不应低于已喷射钢纤维混凝土的强度等级。

(5) 钢筋网(或钢丝网)喷射混凝土施工应遵守 SL 377—2007 第7.1节的规定。

(6) 钢拱架、钢筋网喷射混凝土施工应遵守 SL 377—2007 第7.2节的规定。

(7) 特殊地质条件下的锚喷联合支护施工应遵守 SL 377—2007 第7.3节的规定。

9.4.5 喷射混凝土的质量检查和验收

(1) 承包人应按本章有关规定,进行喷射混凝土材料、配合比,以及抗压强度的抽样检验,并将检验成果提交监理人。

(2) 喷射混凝土施工质量检查应遵守 SL 377—2007 第10.2节的规定。

(3) 各项喷射混凝土工程的施工作业完成后,应由监理人组织验收,承包人应为喷射混凝土工程的验收提供以下资料:

1) 材料出厂合格证、现场材料试验报告、代用材料试验报告;

2) 喷射混凝土施工记录,包括喷射混凝土配合比、速凝剂和外加剂掺量、水灰比,以及各工序施工作业时间表;

3）喷射混凝土强度、厚度、黏结力、外观质量等检查报告和检验验收记录；

4）隐蔽工程检查验收记录。

9.5 地下洞室支护

9.5.1 地下洞室开挖和支护措施计划

在地下洞室开始施工前＿＿＿＿天，承包人应按本合同施工图纸要求和监理人指示，编制本工程地下洞室开挖和支护措施计划，提交监理人批准。其内容包括：

（1）本工程各地下洞室的开挖和支护程序；

（2）各地下洞室的支护材料和支护方案选择；

（3）开挖和支护的安全监测措施；

（4）软弱破碎洞段的特殊支护措施。

9.5.2 地下洞室喷锚混凝土支护

（1）承包人完成已开挖洞段的安全清理后，应及时按施工图纸要求钻设锚杆，以确保围岩稳定。锚杆钻设完成后，若发现安全监测数据异常，承包人应按监理人指示增设锚杆和（或）立即喷射混凝土。

（2）地下洞室的喷射混凝土施工应按本章第9.4节的有关规定进行。

（3）地下洞室喷射混凝土均应采用湿喷法。

（4）地下洞室喷射混凝土的回弹率：拱部不应大于＿＿＿＿％，边墙不应大于＿＿＿＿％。

9.5.3 地下洞室的预应力锚索支护

（1）地下洞室群围岩稳定加固的预应力锚索（或对穿预应力锚索），应根据开挖过程中对洞室群围岩变形和应力变化规律的监测，及时进行施工。

（2）承包人提交的地下洞室群开挖和支护施工措施计划中，应包括预应力锚索（或对穿预应力锚索）的施工布置，以及洞室群预应力锚索的支护程序。

9.5.4 地下洞室的钢架支撑支护

（1）地下洞室支护的钢架支撑分为型钢钢架和格栅钢架（以下简称钢架支撑）两种类型。

（2）当型钢钢架不能确保围岩稳定时，承包人应立即采取措施加固为整体格栅钢架，必要时再增加钢筋网和（或）喷射混凝土支护等措施，直至洞室围岩完全稳定为止。

（3）承包人应在现场配备可供随时投入使用的备用钢架支撑及其附件。备用数量应经监理人批准。即使这些备用钢架支撑和附件最终未投入使用，发包人亦应支付全部钢架支撑及附件的材料和制作费用，但这些未使用的钢架支撑及其附件应属发包人财产。

（4）钢支撑应装设在衬砌设计断面以外，如因某种原因侵入到衬砌断面以内时，须经监理人批准。不允许使用木材制作的附件作为永久支撑。

（5）钢支撑之间可采用钢筋网（或钢丝网）制成挡网，并与钢架支撑牢固连接，以防止岩石掉块。

9.5.5 地下洞室支护的质量检查和验收

（1）地下洞室支护工程的锚杆、预应力锚索喷射混凝土和钢架支撑的质量检查应遵守本章第9.2.5条、第9.3.7条、第9.4.5条和9.5.5条的规定。

（2）每项地下洞室支护工程完成后，由监理人及时进行检查和验收，承包人应为监理人的检查验收提供以下资料：

1) 地下洞室围岩的地质测绘实录；
2) 地下洞室开挖和支护过程的围岩稳定的变形监测资料；
3) 经监理人签证的上述第1款所列各项地下洞室支护工程的质量检查记录；
4) 各项地下洞室的竣工图和有关设计文件；
5) 质量事故处理报告；
6) 各项地下洞室的施工缺陷实录及其修复记录；
7) 监理人要求提交的其它验收资料。

(3) 地下洞室支护工程的验收应由监理人会同承包人共同进行。经监理人检查确认合格，并在验收文件上签字后，作为地下洞室支护工程完工验收报告的附件。

9.6 岩石边坡支护工程

9.6.1 岩石边坡支护措施计划

岩石边坡的支护作业应由承包人按施工图纸的要求和本章第9.2～9.4节的规定，编制本工程岩石边坡支护措施计划，提交监理人批准。其内容包括：

(1) 岩石边坡的开挖和支护程序；
(2) 支护材料和支护方案选择；
(3) 安全监测措施；
(4) 岩石边坡的特殊支护措施。

9.6.2 岩石边坡的锚杆支护

(1) 岩石边坡的支护锚杆，应在边坡自上而下边开挖、边支护的方法进行。每次开挖和支护的边坡分层高度应不大于 __10～15m__ 。

(2) 监理人认为有必要时，承包人应按监理人的指示，对岩石边坡的局部破碎地带随机增设永久性加强锚杆和（或）钢筋网。并将增设记录提交监理人。

9.6.3 岩石边坡的预应力锚索支护

(1) 岩石边坡预应力锚索的各项材料参照本章第9.3.2条的规定选用。

(2) 预应力锚索支护前，承包人应向监理人提交锚索及全部附件的产品样本、特性参数、施工方法、施工设备及其规格性能等资料。

(3) 岩石边坡预应力锚索的施工安装，应在岩石边坡按台阶自上而下分层开挖过程中进行。承包人应在其下部台阶的坡面开挖完成前，完成上部台阶的预应力锚索施工和安装，并经监理人验收合格后，才能进行下一台阶的开挖。

(4) 岩石边坡的预应力锚索施工安装完毕后，承包人应按施工图纸要求埋设监测仪器对边坡面进行变形监测，并及时跟踪监测边坡变形，发现检测数据异常，立即采取有效措施进行安全保护，并及时报告监理人。

9.6.4 岩石边坡的喷射混凝土支护

(1) 岩石边坡的喷射混凝土作业应在全部岩石边坡锚杆钻设完成后，立即喷射混凝土。若发现安全监测数据异常，监理人要求在锚杆钻设前喷射混凝土时，承包人应立即执行。

(2) 岩石边坡的喷射混凝土施工应按本章第9.4节的有关规定进行。混凝土终凝至下一层放炮时间不应少于 ___ 小时。

(3) 岩石边坡的喷射混凝土回弹率应根据边坡坡度,按施工图纸和监理人指示选定。

9.6.5　边坡支挡结构

(1) 抗滑洞和抗滑桩：

1) 在同一平面上,抗滑桩的施工应分序进行,根据施工安全要求采取间隔跳桩或由两侧向中部推进的施工顺序。各间隔桩的混凝土浇筑完毕_____天后,方能进行邻桩开挖；

2) 桩井的洞口和井口,应做好可靠的锁口；开挖过程中应及时做好护壁和排水；

3) 每个洞、桩均应连续一次浇筑完成,若分段浇筑,其分缝位置及缝面处理应经监理人批准；

4) 桩井护壁应与挂壁锚杆可靠锚固和连接,井口锁口盘应与基础有效锚固。

(2) 边坡衬砌：

1) 边坡衬砌前,应做边坡上部与两侧的危石清理及坡面加固和排水工作。必要时在工作面上方加设防护栏栅；

2) 高陡边坡上部衬砌混凝土,应与一次支护锚杆或加设的插筋可靠连接。已支护的喷混凝土面,应在衬砌前进行凿毛处理。

(3) 边坡护坡网格和锚固框架结构：

1) 护坡网格混凝土或砌体结构应嵌入坡面_____以上,其厚度应大于__5cm__；

2) 边坡锚固框架应按监理人指示设置锚杆,陡坡段除满足施工图纸要求外,还应根据坡比情况,沿框架轴线设置非节点锚杆。

(4) 边坡防护网：

1) 边坡防护网是由钢丝绳网、锚杆、钢筋、拉锚绳、基座、减压环、钢柱与专用锚垫板等构成防护结构系统；

2) 在边坡防护网施工前,承包人应按监理人指示编制边坡防护网施工安全措施,提交监理人批准。

9.6.6　岩石边坡支护的质量检查和验收

(1) 岩石边坡支护锚杆的质量检查和验收应符合本章第9.2.5条的规定。

(2) 岩石边坡预应力锚索的质量检查和验收应符合本章第9.3.7条的规定。

(3) 岩石边坡喷射混凝土支护的质量检查和验收应符合本章第9.4.5条的规定。

(4) 岩石边坡支护工程的各项防护结构的质量检查和验收应参照本技术条款同类结构物的质量检查和验收方法进行。

9.6.7　完工验收

各项支护工程完工后,承包人应向监理人申请完工验收,并提交以下验收资料：

(1) 支护工程竣工图；

(2) 锚杆、喷射混凝土、预应力锚索和岩石边坡支护等的原材料试验成果报告；

(3) 现场监测及试验检验记录；

(4) 预应力锚杆和锚索的施工和施加预应力记录；

(5) 质量检查记录和质量事故处理报告；

(6) 监理人要求提交的其它完工资料。

9.7　计量和支付

(1) 锚杆(包括系统锚杆和随机锚杆)按施工图纸所示钢筋强度等级、直径和锚孔深度及外露长度的不同划分类别以有效根数计量,由发包人按《工程量清单》相应项目有效工程量的每根工程单价支付。

(2) 预应力锚索:

1) 预应力锚索按施工图纸所示预应力强度等级、粘结类型和孔内长度的不同划分类别以有效束数计量,由发包人按《工程量清单》相应项目有效工程量的每束工程单价支付;

2) 预应力锚索钻孔所需费用应包含在预应力锚索有效工程量的每束工程单价中,发包人不另行支付。

(3) 喷射混凝土

按施工图纸所示部位、喷射厚度和是否挂网划分类别,并计算喷射混凝土有效实体方体积以立方米为单位计量,由发包人按《工程量清单》相应项目有效工程量的每立方米工程单价支付。

(4) 钢筋网(或钢丝网)

按施工图纸所示尺寸计算的钢筋(或钢丝)有效重量以吨为单位计量,由发包人按《工程量清单》相应项目有效工程量的每吨工程单价支付。加工、安装过程中的损耗量和附加工程量所需的费用,包含在钢筋网(或钢丝网)有效工程量的每吨工程单价中,发包人不另行支付。

(5) 钢支撑及其附件按施工图纸所示尺寸计算的有效重量以吨为单位计量,由发包人按《工程量清单》相应项目有效工程量的每吨工程单价支付。

(6) 边坡防护结构和防护网:

1) 防护结构所采用的钢筋、型钢、锚杆、预应力锚索、土石方、砌石、混凝土等按施工图纸所示尺寸计算有效工程量,以相应专业章节"计量与支付"中规定的计量单位计量,由发包人按《工程量清单》相应项目有效工程量的工程单价支付。

2) 边坡防护网按施工图纸所示防护区域计算的有效防护面积以平方米为单位计量,由发包人按《工程量清单》相应项目有效工程量的每平方米工程单价支付。

第10章 钻孔和灌浆工程

10.1 一般规定

10.1.1 应用范围

本章规定适用于本合同施工图纸所示各工程建筑物施工的钻孔和灌浆,其内容包括:

(1) 钻孔:包括勘探孔、灌浆孔、检查孔和排水孔的钻孔,以及为钻孔和灌浆工程所需进行的钻取岩芯和试验、钻孔冲洗、压水试验、灌浆前孔口加塞保护等钻孔作业。

(2) 灌浆:包括水泥灌浆、化学灌浆和劈裂灌浆。水泥灌浆包括帷幕灌浆、固结灌浆、回填灌浆、接缝灌浆和接触灌浆;化学灌浆包括水工建筑物结构的防渗、堵漏和补强灌浆;土坝劈裂灌浆为消除土坝坝体隐患、提高坝体防渗能力和稳定性的粘土灌浆。

10.1.2 承包人的责任

(1) 承包人应按施工图纸和监理人的指示,以及本技术条款的规定,完成本工程的全部钻孔和灌浆作业,包括进行灌浆试验,择优选定灌浆施工参数,并提供灌浆所需的人工、材料、设备及其辅助设施。

(2) 承包人应在施工前详细了解工程的地形地质和水文地质情况。在不良地质段进行钻孔和灌浆时,应采取有效的安全保护措施。

(3) 在埋有观测仪器的建筑物进行钻孔灌浆作业时,承包人应按监理人指示保护好建筑物体内的预埋设施。

10.1.3 主要提交件

(1) 灌浆作业措施计划

在灌浆作业开始前_____天,承包人应根据施工图纸及本技术条款的规定,编制钻孔和灌浆作业措施计划,提交监理人批准,其内容包括:

1) 钻孔和灌浆工程的施工布置图;
2) 钻孔和灌浆的材料和设备;
3) 钻孔和灌浆的程序和工艺;
4) 质量保证措施;
5) 灌浆试验大纲;
6) 施工人员配备;
7) 施工安全措施等。

(2) 施工记录和质量报表

承包人应提交钻孔和灌浆工程的各项施工记录和质量报表,其内容应包括:

1) 灌浆工程原材料试验和质量检验成果;
2) 钻孔灌浆压水施工记录;
3) 钻孔岩芯取样试验成果;

4) 质量检查和质量事故处理记录；

5) 监理人要求提供的其它资料。

10.1.4 引用标准

(1)《通用硅酸盐水泥》(GB 175—2007)；

(2)《水工混凝土试验规程》(SL 352—2006)；

(3)《水利水电工程物探规程》(SL 326—2005)；

(4)《水利水电工程钻孔压水试验规程》(SL 31—2003)；

(5)《水利水电工程岩石试验规程》(SL 264—2001)；

(6)《水工建筑物水泥灌浆施工技术规范》(SL 62—1994)；

(7)《混凝土拌和用水标准》(JGJ 63—2006)；

(8)《土坝坝体灌浆技术规范》(SD 266—88)。

10.2 灌浆材料

10.2.1 一般要求

(1) 除合同另有约定外，承包人应负责采购（统供材料除外）、运输、储存、保管钻孔和灌浆所需的全部材料。每批到达现场的水泥、外加剂、掺合料和化学灌浆材料等，均应符合本技术条款规定的材料质量标准，并附有生产厂家的质量证明书。

(2) 每批材料入库前均应由承包人会同监理人进行验收，并将验收清单提交监理人。

10.2.2 水泥

承包人应根据施工图纸或监理人指示，选用灌浆水泥品种。用于各项灌浆工程的水泥应遵守 SL 62—1994 第 2.1 节的规定。

10.2.3 水

灌浆用水应遵守 JGJ 63—2006 的规定，拌浆水的温度不得高于 __40℃__ ，接缝及接触灌浆拌浆水的温度不得高于 __20℃__ 。

10.2.4 掺合料

经监理人批准，承包人可在水泥浆液中掺入砂、粘性土、粉煤灰和水玻璃等掺合料。各种掺合料的质量应遵守 SL 62—1994 第 2.1.6 条的有关规定，其掺入量应通过试验确定，试验成果应提交监理人。

10.2.5 外加剂

经监理人批准，承包人可在水泥浆液中掺入速凝剂、减水剂、稳定剂以及监理人指示或批准的其它外加剂。各种外加剂的质量应遵守 SL 62—1994 第 2.1.7 条的规定，其最优掺加量应通过室内试验和现场灌浆试验确定，试验成果应提交监理人。所有能溶于水的外加剂均应以水溶液状态加入。

10.2.6 化学灌浆材料

承包人应根据施工图纸或监理人指示选用符合本章第 10.11 节规定的化学灌浆材料。

(1) 帷幕灌浆中的化学灌浆可采用丙烯酸盐类、环氧树脂等类化学材料，材料的选用应通过室内试验和结合现场实际情况确定。

(2) 固结灌浆中的化学灌浆可采用改性环氧树脂类化学材料，其性能见表 10.2.6。

表 10.2.6　　　　　　　改性环氧树脂类化学材料性能

起始粘度 (mPa·s)	抗压强度 (MPa)	抗拉强度 (MPa)	抗剪强度 (MPa)

10.2.7 土坝劈裂灌浆使用的土料应符合本章第10.12.2条的规定

10.3 设备

钻孔和灌浆设备和机具的选用应遵守 SL 62—1994 第2.3节的规定。

10.4 钻孔

10.4.1 坝基灌浆的钻孔

（1）坝基帷幕灌浆孔和固结灌浆孔的钻孔应遵守 SL 62—1994 第3.2节的规定。

（2）坝基排水孔的钻孔应按施工图纸和监理人指示的要求进行。排水孔钻孔完毕后，应仔细冲洗干净，加以保护，以防堵塞，若排水孔遭堵塞报废，应按监理人指示重钻。

10.4.2 钻孔取芯和芯样试验

（1）承包人应按监理人指示进行勘探孔、灌浆先导孔、观测孔、检查孔等的钻孔取芯，并按取芯次序统一编号、填牌装箱、绘制钻孔柱状图和进行岩芯描述。

（2）钻孔取芯试验应由具有相应资质试验单位完成，所有试验设备应具有产品合格证。

10.4.3 钻孔保护

承包人应妥善保护施工图纸所示的所有钻孔，防止流进污水和落入异物，直到验收合格为止。因承包人过失造成扫孔或重钻的费用由承包人承担。

10.5 钻孔冲洗和压水试验

10.5.1 一般要求

（1）承包人应在坝基岩石灌浆前，对所有灌浆孔（段）进行裂隙冲洗和压水试验。

（2）在岩溶、断层、大裂隙等地质条件较复杂的区域，其裂隙冲洗方法应通过现场试验确定，现场试验记录应提交监理人。

10.5.2 钻孔冲洗

钻孔冲洗应遵守 SL 62—1994 第3.3.1～3.3.3条的规定。

10.5.3 压水试验

帷幕灌浆和固结灌浆的压水试验应遵守 SL 62—1994 第3.3.5～3.3.9条的规定。

10.6 灌浆试验

10.6.1 提交灌浆试验大纲

承包人应在灌浆作业开工前，编制灌浆试验大纲，提交监理人批准。灌浆试验结束后，承包人应将试验记录和试验分析成果提交监理人。

10.6.2 室内浆液试验

现场灌浆试验前，承包人应按监理人指示，进行浆液试验选择浆液水灰比以及掺合料、

外加剂等的品种及其掺量,并将试验成果提交监理人。浆液试验的内容包括:

(1) 浆液配制程序及拌制时间;
(2) 浆液密度测定;
(3) 浆液流变参数;
(4) 浆液的沉淀稳定性;
(5) 浆液凝结时间,包括初凝或终凝时间;
(6) 浆液结石的密度、强度、弹性模量和渗透性;
(7) 监理人指示的其它试验内容。

10.6.3 现场灌浆试验

(1) 承包人应按监理人指示,根据工程建筑物布置,选择地质条件中等或偏差地段进行灌浆试验,或与永久灌浆区相似的地段作为灌浆试验区。

(2) 承包人应根据施工图纸要求和监理人指示选定试验孔的布置方式、孔深、灌浆分段、灌浆压力等试验参数。

(3) 承包人应按批准的灌浆试验大纲进行灌浆试验,检查灌浆效果。承包人应将各序孔和检查孔的单位吸水率、单位耗灰量等试验资料和灌浆试验成果提交监理人。

(4) 承包人不得在帷幕灌浆线上进行灌浆试验。

10.7 制浆

(1) 制浆材料和浆液置备应遵守 SL 62—1994 第 2.1 节的规定。
(2) 帷幕和固结灌浆的制浆应遵守 SL 62—1994 第 2.2 节的规定。

10.8 坝基帷幕灌浆及固结灌浆

10.8.1 一般要求

(1) 同一地段的基岩灌浆必须在先完成固结灌浆,并经检查合格后才能进行帷幕灌浆。
(2) 平洞内的帷幕灌浆应在平洞支护(锚杆、混凝土衬砌等)作业完成后进行。
(3) 固结灌浆和帷幕灌浆应采用自动记录仪进行数据采集和分析。
(4) 岩基固结灌浆应在有混凝土盖重情况下进行,其钻孔和灌浆均需在相应部位混凝土达到 50% 设计强度后方可开始灌浆。若需采用无盖重灌浆,应经监理人批准。

10.8.2 灌浆方法

坝基帷幕灌浆及固结灌浆的灌浆方法应遵守 SL 62—1994 第 3.4 节的规定。

10.8.3 灌浆压力和浆液变浆标准

灌浆压力和浆液变浆标准应遵守 SL 62—1994 第 3.5 节的规定。

10.8.4 灌浆结束标准

帷幕灌浆和固结灌浆的灌浆结束标准应遵守 SL 62—1994 第 3.6 节规定。

10.8.5 灌浆孔封孔

灌浆孔的封孔应遵守 SL 62—1994 第 3.7 节的规定。

10.8.6 特殊情况处理

灌浆过程中的特殊情况处理应遵守 SL 62—1994 第 3.8 节的规定。

10.8.7 物探测试

（1）施工图纸要求进行物探测试的灌浆孔或检查孔，应由承包人委托有物探测试资质的单位按 SL 326—2005 的规定进行灌前、灌后的物探测试工作，物探测试成果应提交监理人。

（2）物探测试的钻孔、取芯、孔斜测量、灌后扫孔、压水试验、封孔等工作由承包人负责。承包人应在扫孔、冲洗和压水试验后进行物探测试。

（3）物探测试工作完毕，并经监理人检查批准后，承包人应按灌浆孔封孔要求进行封孔。

10.8.8 抬动观测

（1）设有抬动变形观测的部位，其观测孔邻近的灌浆孔段在裂隙冲洗、压水试验及灌浆过程中均应进行观测，并将观测成果提交监理人。

（2）坝基抬动变形允许值为 __200μm__，或满足施工图纸的要求。

（3）抬动变形观测应进行观测记录，在裂隙冲洗、压水试验及灌浆等作业过程中，当变形值接近变形允许值或变形值上升较快时，应及时通知各工序操作人员采取降低压力措施。

（4）灌浆工作结束后，抬动观测孔应按监理人指示进行封孔处理。

10.8.9 灌浆质量检查

帷幕灌浆和固结灌浆的灌浆质量检查应遵守 SL 62—1994 第 3.9 节规定。

10.9 地下洞室灌浆

10.9.1 一般要求

（1）地下洞室的回填灌浆应在衬砌混凝土达到 __70%__ 设计强度后进行，固结灌浆应在该部位的回填灌浆结束 7 天后进行。

（2）灌浆结束后，应按监理人指示，对往外流浆或往上返浆的灌浆孔进行闭浆待凝处理。

（3）监理人认为必要时，承包人应在灌浆过程中监测衬砌混凝土变形，并作好记录。

10.9.2 回填灌浆和固结灌浆

回填灌浆和固结灌浆应遵守 SL 62—1994 第 4.2 节和第 4.3 节的规定。

10.9.3 钢衬接触灌浆

（1）钢衬接触灌浆应遵守 SL 62—1994 第 4.4.1～4.4.8 条的规定。

（2）钢衬接触灌浆结束标准应遵守 SL 62—1994 第 4.4.9～4.4.10 条的规定。

10.9.4 灌浆质量检查

（1）回填灌浆的质量检查应遵守 SL 62—1994 第 4.2.10～4.2.12 条的规定；固结灌浆的质量检查应遵守 SL 62—1994 第 4.3.11～4.3.14 条的规定。

（2）承包人应按监理人指示进行钻孔探测和岩芯检查。孔内浆液结实，并充填饱满为合格品，达不到此标准的，应按监理人指示进行处理。

（3）钢衬接触灌浆的质量检查应遵守 SL 62—1994 第 4.4.11 条的规定。

（4）地下洞室灌浆工作结束后，承包人应向监理人提交地下洞室灌浆质量检查报告，并应将检查记录提交监理人。

10.10 混凝土坝接缝灌浆

10.10.1 一般要求

（1）混凝土坝接缝灌浆的施工顺序应遵守 SL 62—1994 第 5.1.2 条的规定。

(2) 混凝土坝的各灌区具备 SL 62—1994 第 5.1.3 条规定的条件后，方能开始接缝灌浆。

(3) 承包人应按施工图纸要求和 SL 62—1994 第 5.1.4 条的规定，在混凝土坝体内埋设测缝计和测温计，并进行定期观测，观测成果应提交监理人。

(4) 同一高程的纵缝（或横缝）灌区，其相邻纵缝（或横缝）灌区的灌浆方式应遵守 SL 62—1994 第 5.1.5 条的规定。

(5) 同一坝缝，其上下层灌区的灌浆方式应遵守 SL 62—1994 第 5.1.6 条的规定。

(6) 在灌浆过程中出现灌浆中断、串孔、冒浆、漏浆、孔口涌水、大吸浆量等情况，承包人应按 SL 62—1994 第 5.7 节的规定进行处理，处理方案应经监理人批准。

10.10.2　灌浆系统布置

灌浆系统的布置应遵守 SL 62—1994 第 5.2 节的规定。

10.10.3　灌浆管路和部件的加工与安装

(1) 灌浆管路和部件的加工与安装应遵守 SL 62—1994 第 5.3 节的规定。

(2) 全部灌浆系统安设完成后，承包人应会同监理人对上述预埋灌浆管、槽进行全面检查，并做好检查记录提交监理人。

10.10.4　灌浆前检查

(1) 承包人应按 SL 62—1994 第 5.4 节的规定，在每层混凝土浇筑前后，对各项灌浆设施进行全面检查，并做好维护工作。

(2) 承包人应对灌浆系统进行冲洗和通水检查，通水检查不合格者，应按监理人指示进行及时处理，检查和处理记录应提交监理人。

(3) 混凝土坝接缝灌浆前的检查应遵守 SL 62—1994 第 5.5 节的规定。

10.10.5　灌浆施工

(1) 混凝土坝接缝灌浆及基础接触灌浆的施工应遵守 SL 62—1994 第 5.6 节的规定。

(2) 岸坡接触灌浆应按施工图纸和 SL 62—1994 第 5.9 节规定执行。

(3) 承包人应按施工图纸要求或监理人指示在缝面上安设变形观测装置。并应在灌浆开始前和灌浆过程中做好监测记录，监测记录应提交监理人。

(4) 混凝土坝接缝灌浆及基础接触灌浆施工过程中，遇有外漏、串浆、管路堵塞和灌浆中断等情况时，应按 SL 62—1994 第 5.7 节的规定进行处理。

10.10.6　灌浆质量检查

混凝土坝接缝灌浆的质量检查应遵守 SL 62—1994 第 5.8 节的规定。

10.11　化学灌浆

10.11.1　一般要求

(1) 本节规定适用于本工程施工图纸所示以下工程部位的化学灌浆：

1) 灌浆地层的裂隙与孔隙较小，悬浊液型材料不能灌入的区域；

2) 灌浆地层的防渗或加固要求较高，悬浊液型材料不能满足工程要求的部位；

3) 渗透水量较大，其它悬浊液型材料不能封堵的部位；

4) 混凝土建筑物内部缺陷修复，悬浊液型材料灌浆不能满足工程要求的部位。

(2) 承包人应按施工图纸所示和监理人指示，根据选定的化学灌浆材料进行现场化灌试验，选择化学灌浆工艺。试验报告应提交监理人批准。

（3）承包人应负责提供化学灌浆的材料和设备，包括制浆所需的主剂、固化剂、催化剂、活性剂、缓凝剂和中和剂等。

（4）承包人应按现场化学灌浆试验成果，编制化学灌浆的施工程序和方法，提交监理人批准。

10.11.2 化学灌浆材料的选用

（1）承包人应按施工图纸要求和监理人的指示，选用以下各项化学灌浆材料：

1）防渗止水类：有水玻璃、水溶性聚氨酯、弹性聚氨酯和木质素浆等；

2）加固补强类：环氧树脂、甲基丙烯酸甲脂、非水酯浆等。

（2）承包人采购的化学灌浆材料应附有生产厂家的质量证明书和产品使用说明书。所有化学灌浆材料应按生产厂家推荐的方法装运、储存和使用。

10.11.3 化学灌浆设备

（1）化学灌浆钻孔设备的钻孔孔径和孔深能满足化学灌浆的技术要求。为了减少孔内占浆，应采用小孔径钻具进行钻孔。

（2）化学灌浆制浆应使用不受化学灌浆浆液侵蚀的专门制浆设备，并易于拆卸和检修。

（3）化学灌浆泵应满足耐腐蚀要求，灌浆泵性能应与浆液类型和浓度相适应。

（4）化学灌浆泵的允许工作压力应大于最大灌浆压力的 1.5倍 ，并应有足够的排浆量和稳定的工作性能；要求灌浆泵的压力平稳、控制灵活、操作简单、拆洗和检修方便。

10.11.4 化学灌浆试验

承包人应按施工图纸要求和监理人指示进行下列各项试验：

（1）配合比试验：按化学灌浆材料生产厂家推荐的配合比进行试验，测定各种配合比浆液的技术参数，选择满足施工图纸要求的化学灌浆浆液配合比，试验成果应提交监理人。

（2）现场化学灌浆试验：根据工程布置和地质条件选择与实际灌浆区地质条件相似的地段进行现场化学灌浆试验，试验的各项参数应提交监理人审批。试验过程中应做好详细记录，试验完成后，应按监理人指示布设检查孔检查灌浆效果，并向监理人提交试验成果报告。其报告内容应包括化学灌浆试验参数、各序孔的单位透水率、单位注入量以及检查孔试验资料等。

（3）其它试验：进行化学灌浆材料的物理力学性能试验、毒理试验及废浆回收试验，以及化学灌浆材料生产厂家要求进行的其它特殊试验，试验成果应提交监理人。

10.11.5 化学灌浆施工

（1）承包人应编制化学灌浆施工的工艺措施和安全操作规程提交监理人批准。工艺措施和安全操作规程应确保劳动者的健康和安全。化学灌浆操作人员应经考核合格后才能上岗。

（2）灌浆压力和灌浆结束标准应按化灌材料的供货说明书的要求和监理人的指示，并通过现场化学灌浆试验选定。试验成果应提交监理人。

10.11.6 化学灌浆质量检查

化学灌浆结束后，承包人应会同监理人对建筑物及基础等的防渗和补强质量，采用压水试验、物样测试或其它方法进行化学灌浆质量检查，检查记录应提交监理人。

10.12 土坝劈裂灌浆

土坝劈裂灌浆用于 50m 以下的均质坝，沿坝体坝轴线方向劈裂后，灌注泥浆形成铅直连续的防渗泥墙，以提高坝体的防渗能力和坝体的稳定性。

10.12.1 钻孔

（1）钻孔孔位和孔深应符合施工图纸规定的土坝劈裂灌浆要求，孔位偏差值应不大于 10cm ；钻孔应垂直，孔斜度不大于 1/200 。每个钻孔的孔位和孔深均应做好记录。

（2）钻孔宜采用带活锥头、孔径 42～50mm ，直接垂击到孔底，再逐步上拔灌浆，锥头留在孔底。

10.12.2 灌浆材料

用于制浆的土料，应根据施工图纸对原型土坝的修复技术要求，通过试验确定。试验成果应提交监理人。

10.12.3 劈裂灌浆的布置和试验

劈裂灌浆施工前，承包人应将劈裂灌浆的布置设计和试验大纲提交监理人批准。其内容包括：

（1）按 SD 266—88 第 3 章第 2 节的要求进行坝体劈裂灌浆布置；

（2）劈裂灌浆试验参数和施灌程序；

（3）劈裂灌浆的坝体变形监测和质量检查方法。

10.12.4 劈裂灌浆施工和质量检查

（1）劈裂灌浆的施工应遵守 SD 266—88 第 4 章第 1～7 节的规定。

（2）承包人应在灌浆过程中监测坝体变形。当坝体变形超过允许值时，应停止灌浆，并按监理人指示调整灌浆工艺再复灌。坝体变形监测成果应提交监理人。

（3）劈裂灌浆完成后，应挖坑检查形成泥墙形成的完整情况，由监理人与承包人共同确定检查坑位置，并进行压水试验检查泥墙的防渗效果。压水试验检查记录应提交监理人。

10.13 灌浆工程验收

10.13.1 灌浆工程施灌过程的验收

监理人应在钻孔和灌浆过程中，按本技术条款规定的各类灌浆工程的质量检查项目和内容，进行灌浆工程的逐项验收。承包人应将质量检查和验收记录提交监理人。

10.13.2 灌浆工程的完工验收

各类灌浆工程完工后，承包人应申请完工验收，并提交以下完工验收资料：

（1）灌浆工程的竣工图；

（2）钻孔和灌浆的各项试验成果；

（3）钻孔岩芯取样试验的岩芯柱状图和摄影资料；

（4）质量检查记录和质量事故处理报告；

（5）监理人要求提供的其它完工验收资料。

10.14 计量和支付

10.14.1 钻孔

钻孔按施工图纸所示尺寸计算有效钻孔长度以米为单位计量，由发包人按《工程量清单》相应项目有效工程量的每米工程单价支付。

10.14.2 灌浆

（1）帷幕灌浆、固结灌浆的灌浆按设计净干灰耗量计算有效干灰重量以吨为单位计量，由发包人按《工程量清单》相应项目有效工程量的每吨工程单价支付。

（2）回填灌浆、接缝灌浆和接触灌浆按施工图纸所示灌浆区域计算的有效灌浆面积以平方米为单位计量，由发包人按《工程量清单》相应项目有效工程量的每平方米工程单价支付。

（3）化学灌浆（包括丙烯酸盐类、丙烯酸胺类、聚氨酯类和改性环氧树脂类灌浆等）按施工图纸所示化学灌浆材料的有效总重量以千克为单位计量，由发包人按《工程量清单》相应项目有效工程量的每千克工程单价支付。

（4）劈裂灌浆按施工图纸所示灌浆区域计算的有效灌浆面积以平方米为单位计量，由发包人按《工程量清单》相应项目有效工程量的每平方米工程单价支付。

（5）灌浆管预埋、金属埋件（止水、止浆片等）等所需费用，包含在相应灌浆项目的工程单价中，发包人不另行支付。

（6）灌浆前的压水试验应按设计要求计算的有效压水试验段数以试段为单位计量，由发包人按《工程量清单》相应项目有效工程量的每试段工程单价支付。

第11章 基础防渗墙工程

11.1 一般规定

11.1.1 应用范围

本章规定适用于本合同施工图纸所示的永久和临时工程建筑物的松散透水地基的防渗处理工程。基础防渗墙的结构型式有混凝土防渗墙工程（如钢筋混凝土、塑性混凝土、固化灰浆等）和高压旋喷射灌浆防渗墙工程（简称高喷墙工程）。

11.1.2 承包人的责任

（1）承包人应负责本合同基础防渗墙工程的地质复勘工作，以及进行防渗工程的施工布置，测定防渗墙中心线，划分槽孔或布置钻孔孔位，确定槽孔或高喷孔的施工顺序。

（2）承包人应负责混凝土防渗墙的材料供应、槽段造孔、浆液配制、泥浆置换、墙体浇筑、钢筋笼沉放以及高喷墙的钻孔、制浆、喷射灌浆及试验检验等全部施工作业。

（3）承包人应负责提供防渗墙施工作业所需的全部人工、材料、施工设备和辅助设施，包括施工图纸规定的专用控制设备（如钻孔测斜仪、槽孔测斜仪和观测仪器等）。

11.1.3 主要提交件

（1）混凝土防渗墙施工措施计划

防渗墙工程开工前_____天，承包人应按施工图纸和本章第11.2节的规定，编制混凝土防渗墙施工措施计划，提交监理人批准。其内容包括：

1）防渗墙槽段划分和合拢段布置；
2）挖槽（造孔）设备和辅助设施布置；
3）槽孔建造施工工艺；
4）泥浆试验、泥浆置换和清孔方法；
5）钢筋笼制作和沉放；
6）防渗墙观测仪器布置及预埋方法；
7）混凝土配合比试验及其性能；
8）墙体浇筑工艺和墙段连接措施；
9）废浆及沉渣排放措施；
10）施工进度计划。

（2）混凝土防渗墙质量检查记录和报表

施工过程中，承包人应向监理人提供以下各项施工记录和质量报表：

1）防渗墙轴线及槽段测量放样资料；
2）墙体材料试验和配合比试验成果；
3）槽孔造孔、泥浆置换、清孔、钢筋笼制作及沉放、墙体浇筑等施工记录；
4）质量检查记录和质量事故处理记录等。

（3）高压喷射灌浆防渗施工措施计划

高压喷射灌浆防渗墙工程开工前＿＿＿＿天，承包人应按本章第11.3节的要求，编制高压喷射灌浆防渗墙施工措施计划，提交监理人批准。其内容包括：

1) 高喷灌浆钻孔布置图；
2) 钻喷设备和辅助设施布置；
3) 钻孔及喷射灌浆技术和方法；
4) 墙体喷射灌浆质量控制及检查方法；
5) 废浆回收和处理；
6) 施工进度计划。

(4) 高压喷射灌浆防渗墙质量检查记录和报表

施工过程中，承包人应向监理人提供以下质量检查和检验的各项施工记录和质量报表：

1) 高喷防渗墙轴线、钻孔孔位测量放样成果；
2) 灌浆材料试验成果；
3) 现场高压喷射灌浆工艺试验报告；
4) 成孔、插管、喷射灌浆等施工记录；
5) 质量检查记录和质量事故处理记录等。

11.1.4 引用标准

(1)《通用硅酸盐水泥》(GB 175—2007)；
(2)《混凝土外加剂应用技术规范》(GB 50119—2003)；
(3)《水利水电工程混凝土防渗墙施工技术规范》(SL 174—1996)；
(4)《水电水利工程高压喷射灌浆技术规范》(DL/T 5200—2004)；
(5)《水工混凝土钢筋施工规范》(DL/T 5169—2002)；
(6)《水工混凝土施工规范》(DL/T 5144—2001)；
(7)《钻井液材料规范》(GB/T 5005—2001)；
(8)《混凝土用水标准》(JGJ 63—2006)。

11.2 混凝土防渗墙

11.2.1 一般要求

(1) 混凝土防渗墙施工场地应平整坚实，建造槽孔前应修筑现浇混凝土导墙。

(2) 对重要或有特殊要求的工程，承包人应根据监理人的指示，在工程地质条件相类似的地段或在防渗墙中心线部位进行生产性试验，以验证设定的造孔、固壁泥浆、墙体浇筑等施工工艺和参数的适应性，并将试验成果提交监理人。

(3) 承包人应做好槽孔施工废浆排放，防止污染环境，并应设置地表水排放系统，防止地表水渗入槽孔内影响泥浆性能和破坏孔壁稳定。

11.2.2 墙体材料与配合比

(1) 普通混凝土防渗墙所用的水泥、粗和细骨料、外加剂及水等材料，应遵守 SL 174—1996 第5.1.3条、第5.2.2条、第5.2.3条，以及 JGJ63—2006 的有关规定。

(2) 塑性混凝土防渗墙所用的各项材料应满足以下要求：

1) 水泥强度等级应遵守 GB 175—2007 的规定，承包人应通过试验选定水泥品种；
2) 骨料应遵守 SL 174—1996 第5.2.3条的规定；

3) 膨润土的用量不宜少于40kg/m³；

4) 各种外加剂的掺量应通过试验确定，并应遵守 GB 50119—2003 的有关规定；

5) 混凝土拌和用水应遵守 JGJ 63—2006 的有关规定。

(3) 固化灰浆防渗墙采用的材料和配合比应遵守 SL 174—1996 第5.2.4条的有关规定。

(4) 承包人应进行塑性混凝土和固化灰浆的室内和现场混凝土配合比试验，并将试验成果提交监理人批准。

11.2.3 混凝土防渗墙施工

(1) 防渗墙的造孔应遵守 SL 174—1996 第3章的有关规定。

(2) 建造槽孔的泥浆应遵守 SL 174—1996 第4章的有关规定。

(3) 混凝土的拌和与运输应遵守 SL 174—1996 第5.3节的有关规定。

(4) 钢筋笼制作和安装

1) 钢筋笼的结构设计应遵守 SL 174—1996 第7.1.1条的规定。其外形尺寸应根据相应槽段长度、深度、接头型式及具备的起吊能力等因素确定；

2) 钢筋笼制作最大允许误差应遵守 SL 174—1996 第7.1.2条的规定；

3) 钢筋笼入槽时若遇阻碍，应进行槽孔处理，不得强行下沉；钢筋笼入槽后其顶底高程位置应符合本合同施工图纸的规定，并应采取措施防止混凝土浇筑时钢筋笼上浮；钢筋笼入槽后的定位最大允许偏差应遵守 SL 174—1996 第7.1.9条的规定。

(5) 观测仪器的安装与埋设应遵守 SL 174—1996 第7.3节的规定。

(6) 墙体浇筑：

1) 泥浆下浇筑墙体混凝土前，槽孔应清孔换浆，经监理人检验合格后方可进行浇筑；

2) 钢筋混凝土或塑性混凝土浇筑，应遵守 SL 174—1996 第5.4节的有关规定；

3) 固化灰浆浇筑应遵守 SL 62—1996 第5.5节的有关规定。

(7) 墙段连接应遵守 SL 174—1996 第6章的规定。

11.2.4 质量检查和验收

承包人应会同监理人按本章第11.2.2～11.2.9条的规定，进行钢筋混凝土和塑性混凝土防渗墙的质量检查和验收。

(1) 槽孔终孔质量检查：

1) 槽孔终孔的孔位、孔深、孔斜、槽宽与槽孔嵌入基岩深度；

2) 一、二期槽孔间接头孔的套接厚度。

(2) 浇筑前槽孔清孔质量检查：

1) 孔内泥浆性能和淤积厚度；

2) 接头孔壁刷洗质量。

(3) 钢筋笼制造与沉放质量检查：

1) 钢筋笼尺寸，导向装置及加工质量；

2) 钢筋笼吊放位置及节间连接质量。

(4) 混凝土浇筑质量检查：

1) 混凝土出机口和现场取样的物理力学性能检验；

2) 混凝土终浇高程；

3) 混凝土或塑性混凝土防渗墙体的均匀性及防渗性能检验。

11.2.5 凝土防渗墙的完工验收

混凝土防渗墙工程全部完工后，承包人应向监理人申请完工验收，并提交以下完工资料：

（1）混凝土防渗墙竣工图及说明书；
（2）墙体材料试验成果；
（3）墙体质量检验（钻孔取芯、注水试验、沉渣厚度等）记录和现场抽样检验成果；
（4）质量检查记录和质量事故处理报告；
（5）监理人要求提交的其它完工资料。

11.3 高压喷射灌浆防渗墙

11.3.1 一般要求

（1）高压喷射灌浆适用于淤泥质土、粉质粘土、粉土、砂土、砾石、卵（碎）石等松散透水地基或填筑体内的防渗工程的高压喷射灌浆。
（2）施工场地应全面规划，开挖排浆沟和集浆池，做好冒浆排放措施和环境保护措施。
（3）高压喷射灌浆的方法应根据施工图纸要求和地质条件选用三管法、双管法或单管法，承包人选用的施工方法和喷射方式及其施工参数，应提交监理人批准。
（4）高压喷射灌浆的施工场地应平整、稳固，凡遇有低洼、表土松散、紧临边坡的区域，应采用回填、夯实、加固和边坡坡脚保护措施。
（5）在喷射灌浆施工前，承包人应按施工图纸规定的喷射灌浆方法进行机械设备试运行。

11.3.2 喷射浆液

喷射浆液应遵守 DL/T 5200—2004 第 6 章的有关规定。

11.3.3 现场高压喷射灌浆试验

（1）在现场高压喷射灌浆作业开始前，承包人应按本合同施工图纸的要求和监理人指示，选择地质条件具有代表性的地段，进行高压喷射灌浆的现场工艺试验，以确定高喷灌浆的方法及其适用性，确定有效桩径（或喷射范围）、施工参数、浆液性能要求、适宜的孔距排距、墙体防渗性能等。
（2）试验结束后，应根据监理人指示开挖检查或钻取芯样进行固结体的均匀性、整体性、强度和渗透性等试验，并将试验成果提交监理人。

11.3.4 高压喷射灌浆施工

高压喷射灌浆施工应遵守 DL/T 5200—2004 第 7～9 章的有关规定。

11.3.5 质量检查和验收

承包人应会同监理人按本章第 11.3.2～11.3.4 条规定进行以下内容的质量检查：
（1）高压喷射灌浆作业前质量检查的内容包括：
1）桩位的现场放样成果；
2）材料和浆液配合比试验成果；
3）钻孔偏斜率。
（2）高压喷射灌浆作业过程中进行质量检查的内容包括：
1）喷射插管插入深度；

2）现场高压喷射灌浆工艺试验成果；

3）回（反）浆试件的试验成果。

（3）高压喷射灌浆作业结束后，承包人应会同监理人按施工图纸规定及监理人的指示进行以下项目的质量检查：

1）高压喷射灌浆桩（孔）的平面位置；

2）高喷墙的墙体厚度、垂直度、连续性、均匀性和搭接程度；

3）高压喷射灌浆固结体的强度和透水性，以及高压喷射灌浆固结体的质量检查应按施工图纸的要求进行开挖检查、钻孔取芯和压水试验等方法，固结体的渗透性能和抗压强度应遵守 DL/T 5200—2004 第 5.0.3 条的规定；

4）高压喷射灌浆工程验收应遵守 DL/T 5200—2004 第 10.2 节的规定。

11.3.6 完工验收

高喷墙工程全部完工后，承包人应按以下的规定的内容，提交完工验收资料。

（1）高喷防渗墙竣工图及说明书；

（2）高喷浆液材料试验成果；

（3）质量检查记录和现场抽样检验成果；

（4）现场喷射灌浆试验报告；

（5）质量事故处理报告；

（6）监理人要求提供的其它完工资料。

11.4 计量和支付

11.4.1 混凝土防渗墙

（1）钢筋混凝土防渗墙、塑性混凝土防渗墙按施工图纸所示尺寸计算的有效截水面积以平方米为单位计量，由发包人按《工程量清单》相应项目有效工程量的每平方米工程单价支付。

（2）钢筋混凝土防渗墙的钢筋按施工图纸所示钢筋强度等级、直径和长度计算的有效重量以吨为单位计量，由发包人按《工程量清单》相应项目有效工程量的每吨工程单价支付。

11.4.2 高压喷射灌浆防渗墙

高压喷射灌浆防渗墙按施工图纸所示尺寸计算的有效截水面积以平方米为单位计量，由发包人按《工程量清单》相应项目有效工程量的每平方米工程单价支付。

第12章 地基及基础工程

12.1 一般规定

12.1.1 应用范围

本章规定适用于本合同施工图纸所示的永久和临时工程建筑物的地基及基础工程。其工程结构型式包括振冲法地基工程、混凝土灌注桩和沉井等基础工程。

12.1.2 承包人的责任

（1）承包人应负责本合同地基基础工程的地质复勘工作，并根据发包人提供的地质资料和地质复勘成果，编制复勘工程地质剖面图，进行地基及基础工程的施工布置，确定地基基础工程的施工顺序。

（2）承包人应负责提供地基及基础工程施工所需的材料和施工设备，以及负责地基及基础工程的施工、试验、检验等的全部施工作业。

12.1.3 主要提交件

地基及基础工程开工前，承包人应根据本合同施工图纸已确定的地基及基础工程布置方案，分别编制包括下列内容的施工措施计划，提交监理人批准。

（1）振冲地基：

1）振冲桩位及施工场地布置图；

2）充填材料级配试验和试桩措施；

3）主要机械设备选择；

4）振冲施工工艺及制桩参数；

5）质量检验，以及安全和环境保护措施；

6）施工进度计划。

（2）混凝土灌注桩基础：

1）灌注桩基础施工场地布置图；

2）成桩机械及其配套设备的选择；

3）制桩材料和备件的配置；

4）桩基施工方案及工艺；

5）成孔、成桩试验和措施；

6）质量检验，以及安全和环境保护措施；

7）施工进度计划。

（3）沉井：

1）沉井制作和井位施工布置图；

2）沉井的浮运、定位和下沉措施；

3）沉井基底处理和封底措施；

4）质量检验，以及安全和环境保护措施；

5）施工进度计划。

12.1.4　引用标准

(1)《建筑地基基础工程施工质量验收规范》(GB 50202—2002)；

(2)《混凝土结构工程施工质量验收规范》(GB 50204—2002)；

(3)《地下防水工程质量验收规范》(GB 50208—2002)；

(4)《水利水电工程混凝土防渗墙施工技术规范》(SL 174—1996)；

(5)《建筑桩基技术规范》(JGJ94—2008)；

(6)《建筑基桩检测技术规范》(JGJ106—2003)、(J256—2003)；

(7)《水电水利工程振冲法地基处理技术规范》(DL/T 5214—2005)；

(8)《水工混凝土钢筋施工规范》(DL/T 5169—2002)。

12.2　振冲地基

12.2.1　一般要求

(1)振冲地基的加固处理应遵守 DL/T 5214—2005 第 3.0.3 条的有关规定。

(2)大型和复杂的地基工程施工前，承包人应选择有代表性地段进行振冲工艺试验，以验证振冲加固的效果。

12.2.2　材料

(1)振冲置换法桩体的填料应采用含泥量不大的碎石、卵石、角砾等硬质材料，禁止使用已风化及易腐蚀、软化的石料。

(2)振冲密实法每一振冲点所需的填料量，应根据地基土要求的密实程度和振冲点间距，通过现场试验确定，填料应采用碎石、卵石、角砾、粗（中）砂等性能稳定的硬质材料。

(3)填料级配应经现场试验确定，禁止使用单级配填料，试验成果应提交监理人。

12.2.3　振冲机具设备

振冲机具设备的选择应符合 DL/T 5214—2005 第 6.2 节的有关规定。

12.2.4　造孔和清孔

振冲桩的桩位应按施工图纸要求测定，造孔和清孔应遵守 DL/T 5214—2005 第 6.3.2 条的规定。

12.2.5　填料和加密

填料和加密控制标准应遵守 DL/T 5214—2005 第 6.3.4 条和第 6.3.5 条的有关规定。

12.2.6　质量检查和验收

振冲地基施工的质量检验标准应遵守 GB 50202—2002 第 4.9 节的有关规定。

12.2.7　完工验收

振冲桩基础工程完工后，承包人应向监理人申请完工验收，并提交以下完工验收资料：

(1)振冲桩基竣工图和说明书；

(2)振冲桩基工程材料试验成果报告；

(3)振冲桩基工程试桩、桩基承载试验报告和沉井定位测量试验记录；

(4)各桩基质量检查记录和质量事故处理报告；

(5)监理人要求提交的其它完工资料。

12.3 混凝土灌注桩基础

12.3.1 一般要求

（1）本工程的混凝土灌注桩分为泥浆护壁钻孔灌注桩和沉管灌注桩。其适用范围为泥浆护壁正、反循环钻孔灌注桩、锤击沉管灌注桩和振动沉管灌注桩基础等的施工作业。

（2）承包人应根据施工图纸规定的桩位、桩型、桩径、桩长，复勘场地地质条件和持力层埋藏深度，选择成孔和成桩施工机具设备（包括打桩、锤击和压桩等的压力机械）。

（3）成孔和成桩设备安装就位应平整和稳固，确保施工中不发生倾斜、移动；在桩架或桩管上应设置用于施工中观测深度和斜度的装置。

（4）桩基工程施工前，应按施工图纸的规定和监理人的指示，进行成孔或成桩试验，以检验施工参数和工艺，并应将试验成果提交监理人。

12.3.2 混凝土灌注桩施工

（1）材料：

1）泥浆材料使用的膨润土和粘土质量应遵守 JGJ 94—2008 第 6.2 节的规定。

2）混凝土使用的水泥、骨料和外加剂应遵守 JGJ 94—2008 第 6.3 节的有关规定。

3）灌注桩钢筋笼使用的钢筋材料质量应遵守 JGJ 94—2008 第 6.2.5 条的规定。

4）沉管灌注桩桩头应选用钢筋混凝土预制桩头；其混凝土强度等级应不低于 C30，钢号应选用 I 级钢。在硬土层中施工，尚应采用环形钢板加强。

（2）泥浆制备

护壁泥浆选用膨润土或高塑性粘土制备的泥浆性能指标应遵守 JGJ 94—2008 第 6.3.1 和 6.3.2 条的规定。

（3）钻孔与沉管施工：

1）泥浆护壁正、反循环钻孔灌注桩钻进成孔施工应遵守 JGJ 94—2008 第 6.3.4～6.3.8 条的有关规定；

2）锤击沉管灌注桩沉管施工应遵守 JGJ 94—2008 第 6.5 节有关规定；

3）振动沉管灌注桩沉管施工应遵守 JGJ 94—2008 第 6.5.7～6.5.10 条有关规定。

（4）冲击成孔与清孔

冲击成孔与清孔应遵守 JGJ 94—2008 第 6.3.13～6.3.17 条的有关规定。

（5）钢筋笼制作与吊放：

1）钢筋笼的制作应遵守 JGJ 94—2008 第 6.2.5 条的有关的规定。

2）分段制作的钢筋笼连接方式应按施工图纸的要求及遵守有关技术规范的规定。

（6）水下混凝土制备和灌注

水下混凝土制备和灌注应遵守 JGJ 94—2008 第 6.3.27～6.3.30 条的有关规定。

（7）沉管起拔：

1）配有钢筋笼的沉管，在放置钢筋笼前，应先灌注部分混凝土至笼底高程，放置钢筋笼后再灌注混凝土至桩顶；

2）分段起拔沉管时，前一段拔管高度应能容纳下一段灌入的混凝土量；

3）采用倒打拔管法时，在管底未拔到桩顶高程前，倒打和轻击不得中断。

12.3.3 质量检查和验收

承包人应会同监理人进行以下项目的质量检查和验收,其将检查和验收记录提交监理人。

(1) 灌注桩混凝土浇筑前,应检查的内容包括:
1) 桩位现场放样成果检查;
2) 终孔和清孔质量的检查;
3) 钢筋笼加工尺寸和焊接质量的检查及钢筋笼吊放定位尺寸和保护层厚度的检查;
4) 导管和预埋管埋设位置和埋设深度的检查。

(2) 灌注桩混凝土浇筑质量的检查内容包括:
1) 混凝土原材料的抽样检查;
2) 混凝土现场取样试验的成果检验;
3) 水下混凝土浇筑工艺和浇筑质量检查。

(3) 灌注桩成桩质量检查内容包括:
1) 灌注桩桩位的检查;
2) 灌注桩的有效桩径的检查;
3) 灌注桩的顶底高程和有效长度的检查;
4) 灌注桩的贯入度标准检验;
5) 灌注桩承载力检验成果的质量检查。

(4) 灌注桩的成桩检验

混凝土灌注桩的质量检验标准应符合 GB 50202—2002 表 5.6.4-1 和表 5.6.4-2 的规定。

13.3.4 灌注桩工程的完工验收

混凝土灌注桩工程全部完工后,承包人应向监理人申请完工验收,并提交完工验收资料:

(1) 混凝土灌注桩基工程等竣工图和说明书;
(2) 混凝土灌注桩基工程材料试验成果报告;
(3) 混凝土灌注桩基工程试桩、桩基承载试验报告和沉井定位测量试验记录;
(4) 质量检查记录和质量事故处理报告;
(5) 监理人要求提交的其它完工资料。

12.4 沉井

12.4.1 一般要求

(1) 本节所述的沉井结构包括钢筋混凝土沉井和钢沉井,适用于本工程施工图纸所示的永久和临时工程建筑物深基础处理的陆地沉井和浮运沉井。

(2) 承包人应根据施工图纸规定的井位,负责复勘沉井基础工程地质条件及持力层特征,以确切掌握工程地质资料,沉井钻孔应遵守 GB 50202—2002 第 7.7.1 条的规定。

(3) 受沉井施工影响范围内的原有建筑物,承包人应采取安全保护措施后方能进行施工。

12.4.2 材料

（1）沉井施工采用的水泥、钢筋、骨料和外加剂，应符合本技术条款第14.8节的要求。

（2）制作钢沉井的钢材、焊接、连接件和涂层的材料应符合本技术条款第20.2节规定。

（3）沉井封底的水下混凝土应符合下列规定：

1）配合比应根据试验确定，施工配合比的混凝土试配强度应比设计值高10%～15%；

2）水泥用量一般为350～400kg/m³；水灰比不大于0.6；可根据需要掺用外加剂；

3）粗骨料选用砾、卵石或碎石，粒径为5～40mm；细骨料采用中、细砂，砂率一般为45%～50%；在规定的浇筑期间内，坍落度应为16～22cm；在灌筑初期，为使导管下端形成混凝土堆，坍落度为14～16cm；

4）在规定的浇筑期间内，坍落度应为16～22cm；在灌筑初期，为使导管下端形成混凝土堆，坍落度为14～16cm。

12.4.3 沉井制作

（1）陆地沉井制作应在场地清理和井位中轴线测量定位后，并经监理人签认后进行。

（2）陆地沉井采用分节制作一次下沉的方法时，制作高度应不超过沉井短边或直径的长度，并不超过 __12m__ 。当第一节混凝土达到设计强度70%后，方可浇筑其上一节混凝土。

（3）浮运沉井制作的每节高度应不超过 __7～8m__ ，其底节高度应小于沉井短边的 __0.8__ 倍，且不超过 __12m__ 。

（4）承包人应对各节沉井进行水密封试验和底板水压试验，试验成果应提交监理人。

（5）单壁或双壁的钢制浮运沉井底节，应能自浮于水面，并装有临时底板。底节外形尺寸的加宽量，不应小于沉井总高度的 __1/50__ ，且不得小于 __45cm__ 。

（6）钢制浮运沉井应在加工厂分件加工并编号。单元钢构件加工完毕后，应进行试拼装，并经监理人对连接和焊接质量检验合格后，再分件运至现场拼装成型。

（7）采用带临时底板的浮运沉井制作，应对封底与底板之间接触缝部位进行凿毛处理。对有抗渗要求的陆地沉井和沉井体上的穿墙管件及固定模板的对穿螺栓孔等，均应采取抗渗漏措施，底板应易于拆除。

（8）冬季制作沉井，底节混凝土未达到规定的设计强度，其余各节未达到 __70%__ 设计强度时，均应采取防冻保护措施。

（9）各节沉井的竖向中心线应相互重合或平行，钢筋混凝土沉井制作的允许偏差应符合下列规定：

1）沉井的长度与宽度的允许偏差为±0.5%，且不大于10cm；曲线部分半径的允许偏差为±0.5%，且不大于5cm；两对角线差异为1%对角线长。

2）沉井壁厚偏差为±1.5cm。

12.4.4 沉井运输

（1）采用异地制作浮运沉井滑道下水时，其滑道场地地基允许承载力应通过现场试验选择最优的滑道坡度和牵引力，确保沉井入水和浮运的稳定。

（2）采用浮船或支架平台制作浮运沉井时，浮船和支架平台工作面允许承载力应大于施工图纸规定允许承载力的两倍。

（3）浮运沉井施工的航运、拖驳、导向、锚定、排水、灌水、起吊及定位等设备，均应在开工前进行试运行，试运行记录应提交监理人。

(4) 带临时底板的混凝土浮运沉井，应达到施工图纸规定的强度，并经监理人批准后方可下水。

(5) 沉井浮运前应探明工作水域的水下地形、障碍物、有效水深和水流速度，选定最优浮运路线。

(6) 浮运沉井的墙顶应设有防水围墙，墙顶应高出水面 1.0m 以上。

(7) 浮运沉井的临时底板应易于拆除，并配置浮运及定位所需的排水或灌水设备，以保证安全下沉。

(8) 浮运沉井应在白天无风或小风时进行，在深水区或流速大于 1.5m/s 时，沉井两侧应配置导向船。

(9) 沉井浮运应采用多方向的缆绳牵引和锚锭措施以控制浮运和定位的稳定。

(10) 钢制沉井运输时，应按施工图纸的规定设置临时支撑以防变形。

12.4.5 沉井的沉放

(1) 承包人应根据地基土的物理力学特性，进行分阶段沉井下沉系数的验算。

(2) 承包人应根据沉井类型（陆地沉井或浮运沉井）、工程规模及挖土方法，选用挖土机械设备（含吸泥机、抓斗等），其机械性能应经现场试运行，其试运行成果应提交监理人。

(3) 陆地沉井场地应预先清理加固处理，并对重型机械施工可能引起的沉陷采取相应的加固处理措施。

(4) 陆地沉井或水中筑岛沉井的施工场地地面高程应高出施工期内周围水域最高水位（加浪高） 0.5m 以上；在基坑中制作时，基坑底面应比从制作至开始下沉期间内的最高地下水位高 0.5m 以上，并应防止积水。

(5) 水中筑岛应采用透水性好、易于压实的砂或其它材料填筑，不得采用粘性土或冻土填筑，岛侧边坡应确保稳定，并满足抗冲刷要求。

(6) 沉井（陆地沉井或异地制作浮运沉井等）的第一节井筒混凝土达到设计强度后方可下沉或下水。

(7) 陆地沉井下沉时，应按分区、依次、对称、同步的原则抽取第一节沉井下的承垫木并立即在刃脚四周填筑砂砾石。挖土下沉时，应按照分层、均匀、对称的原则出土，确保沉井垂直下沉，不得倾斜。

(8) 沉井在软土中下沉至距设计标高约 2m 时，应加强对下沉的观察，控制下沉速度并采取措施，保证沉井平稳就位，并作好记录。

(9) 沉井每下沉 1.0m ，承包人应检测井位，保证井位平面偏移值不超过 25cm ，并正交检测井壁倾斜度，其倾斜度偏差不应大于施工图纸的规定。

(10) 浮运沉井沉到基（河）床后，应根据土层情况选择除土方式，在除土过程中，严格控制井底土面高差，保证沉井不产生倾斜，并详细记录土层变化情况。

(11) 沉井下沉遇到倾斜岩面时，应及时对悬空刃脚进行垫脚或对岩坡爆破处理，并加固形成整体封闭体。遇到大孤石、流沙或淤泥等情况，应及时采取促沉或阻沉，以及水下爆破等有效处理措施，并做好记录。

(12) 采用空气幕法或泥浆润滑套减阻下沉到设计标高后，均应根据施工图纸规定要求，对管道及泥浆套进行处理。

12.4.6 沉井的封底

(1) 沉井下沉至施工图纸规定标高，应进行沉降观测，在连续 __8__ 小时内下沉量不大于 __10mm__ 时，方可封底。

(2) 承包人应根据施工图纸要求和监理人指示进行沉井封底，采用干封底施工时应符合 GB 50202—2002 第 7.7.5 条的规定，并应满足以下要求：

1) 沉井基底土面应全部挖至施工图纸规定标高；

2) 井内积水应尽量排干；

3) 混凝土凿毛处应洗刷干净；

4) 浇筑时应防止沉井不均匀下沉，在软土层中封底应分格对称进行；

5) 在封底和底板混凝土未达到设计强度前，应从封底以下的集水井中不间断地抽水，停止抽水时，应考虑沉井的抗浮稳定性，并采取相应措施。

(3) 采用导管法进行水下混凝土封底，应符合下列规定：

1) 基底为软土层时，应尽可能将井底浮泥清除干净，并铺碎石垫层；

2) 基底为岩基时，岩面处沉积物及风化岩碎块等应尽量清除干净；

3) 混凝土凿毛处应洗刷干净；

4) 水下封底混凝土应在沉井全部底面积上连续浇筑，当井内有间隔墙、底梁或混凝土供应量受到限制时，应预先隔断分格浇筑；

5) 导管应采用钢管制作，内壁表面应光滑，并有足够的强度和刚度。管段的接头应密封良好和便于装拆；

6) 导管的数量由计算确定，布置时应使各导管的浇筑面积相互覆盖；

7) 水下混凝土面平均上升速度不应小于 __0.25m/h__，坡度不应大于 __1:5__；

8) 浇筑前，导管中应设置隔水；浇筑时，导管插入混凝土的深度不宜小于 __1m__；

9) 水下混凝土达到设计强度后，方可从井内抽水，如提前抽水，必须采取确保质量和安全的措施。

(4) 封底配制水下混凝土的技术要求，应符合本章第 12.4.2 条的规定。

(5) 封底结束后，应检查底板结构有无裂缝及渗漏，渗漏检查标准应符合 GB 50208—2002 第 3.0.1 条的规定。

12.4.7 质量检查和验收

(1) 沉井制作完成后，应按本节第 12.4.3 条的规定对沉井的平面尺寸和壁厚进行检查和验收。

(2) 沉井下沉定位后和封底前，应按施工图纸的规定进行以下内容的检查和验收：

1) 沉井顶底面的中心偏差和倾斜度；

2) 井位和井深；

3) 井壁底梁凹槽和隔墙的泥皮清理效果。

(3) 沉井封底后，应按施工图纸规定进行封底时的沉渣厚度、材料强度和封底层厚度的检查和验收。

12.4.8 沉井工程的完工验收

沉井工程全部完工后，承包人应向监理人申请完工验收，并按以下规定提交完工资料。

(1) 沉井工程竣工图和说明书；

(2) 沉井工程材料试验成果报告；
(3) 沉井工程试桩、桩基承载试验报告和沉井定位测量试验记录；
(4) 各桩基质量检查记录和质量事故处理报告；
(5) 监理人要求提交的其它完工资料。

12.5 计量和支付

12.5.1 振冲地基

（1）振冲加密或振冲置换成桩按施工图纸所示尺寸计算的有效长度以米为单位计量，由发包人按《工程量清单》相应项目有效工程量的每米工程单价支付。

（2）除合同另有约定外，承包人按合同要求完成振冲试验、振冲桩体密实度和承载力检验等工作所需的费用，包含在《工程量清单》相应项目有效工程量的每米工程单价中，发包人不另行支付。

12.5.2 混凝土灌注桩基础

（1）钻孔灌注桩或者沉管灌注桩按施工图纸所示尺寸计算的桩体有效体积以立方米为单位计量，由发包人按《工程量清单》相应项目有效工程量的每立方米工程单价支付。

（2）除合同另有约定外，承包人按合同要求完成灌注桩成孔成桩试验、成桩承载力检验、校验施工参数和工艺、埋设孔口装置、造孔、清孔、护壁以及混凝土拌和、运输和灌注等工作所需的费用，包含在《工程量清单》相应灌注桩项目有效工程量的每立方米工程单价中，发包人不另行支付。

（3）灌注桩的钢筋按施工图纸所示钢筋强度等级、直径和长度计算的有效重量以吨为单位计量，由发包人按《工程量清单》相应项目有效工程量的每吨工程单价支付。

12.5.3 沉井

（1）沉井（包括钢筋混凝土沉井和钢沉井）按施工图纸所示尺寸计算的水面（或地面）以下的有效空间体积以立方米为单位计量，由发包人按《工程量清单》相应项目有效工程量的每立方米工程单价支付。

（2）除合同另有约定外，承包人按合同要求完成地质复勘、检验试验、沉井制作、运输、清基或水中筑岛、沉放、封底等工作和操作损耗等所需的费用，包含在《工程量清单》相应项目有效工程量的每立方米工程单价中，发包人不另行支付。

第13章 土石方填筑工程

13.1 一般规定

13.1.1 应用范围

（1）本章规定适用于本合同施工图纸所示的碾压式土坝和土石坝、各种类型堆石坝、堤防工程和土石围堰等的堰体填筑及其防渗体（包括土工合成材料防渗体）的施工。

（2）土石方填筑工程的工作内容包括：坝料运输、现场碾压试验、坝料的填筑和碾压、坝体排水和护坡设施，以及混凝土面板堆石坝上游坡面保护措施等。

13.1.2 承包人的责任

（1）承包人应根据本工程土、石料场的统一规划，以及工程施工总进度的安排，做好建筑物开挖料、料场开采料和上坝填筑料的供求平衡。

（2）承包人应按施工图纸的要求，负责土工合成材料的采购、验收、运输和保管，并按本技术条款的规定，完成土工合成材料防渗结构的全部施工作业。

（3）在施工过程中，承包人应做到坝面施工的合理安排，填筑面层次分明，作业面平整。填筑竣工后，应修整坝体下游面，使其坡面平整，颜色均匀。

（4）在填筑过程中，承包人应采取有效措施，保护已埋设仪器和测量标志。

13.1.3 主要提交件

（1）土石方填筑施工措施计划

在土石方填筑工程开工前＿＿＿＿天，承包人应按施工图纸要求和监理人指示，编制土石方填筑施工措施计划，提交监理人批准。其内容包括：

1）坝（堤防、堰）体填筑分期、料物分区图；

2）土石方填筑程序和方法；

3）料场复查报告、各种填料加工的工艺和料物供应；

4）土石方平衡计划；

5）施工设备、设施配置；

6）质量控制和安全保证措施；

7）施工进度计划；

8）监理人要求提交的其它文件和资料。

（2）地形测量资料

土石方填筑工程开工前＿＿＿＿天，承包人应将填筑区基础开挖验收后实测的平、剖面地形测量资料提交监理人，经监理人验收的地形测量资料作为填筑工程量计量的原始依据。

（3）现场试验计划和试验成果报告

土石方填筑工程开工前＿＿＿＿天，承包人应根据本章第13.2节获得的料场复查资料，以及根据料场平衡计划中提供的各种土石方填筑料源，将本章第13.3节所列的现场试验计划，提交监理人批准。试验成果应及时提交监理人。

(4) 土工合成材料选择和施工措施

当土石方填筑工程采用土工合成材料作防渗结构或反滤、排水设施时，承包人应将土工合成材料的选择和施工措施报告，提交监理人批准。

13.1.4　引用标准

(1)《土工合成材料应用技术规范》(GB 50290—1998)；

(2)《水利水电工程施工组织设计规范》(SL 303—2004)；

(3)《水利水电工程天然建筑材料勘察规程》(SL 251—2000)；

(4)《土工试验规程》(SL 237—1999)；

(5)《土工合成材料测试规程》(SL/T 235—1999)；

(6)《水利水电工程土工合成材料应用技术规范》(SL/T 225—1998)；

(7)《堤防工程施工规范》(SL 260—1998)；

(8)《土石坝安全监测技术规范》(SL 60—1994)；

(9)《水工碾压式沥青混凝土施工规范》(DL/T 5363—2006)；

(10)《碾压式土石坝施工规范》(DL/T 5129—2001)。

13.2　料源要求

13.2.1　土料

(1) 防渗土料的填筑含水量应按施工图纸要求或碾压试验确定。料场取料的含水量不合格时，应在料场调整合格后，才能运到坝上。

(2) 砾质土（包括冰积、坡积、洪积和构造残积土）应遵守 DL/T 5129—2001 第 8.2.3 条的规定。

(3) 人工掺合砾石土所用的土料和碎石料特性及其比例，以及含水量均应符合施工图纸要求和 DL/T 5129—2001 第 8.2.4 条的规定。人工掺合料应均匀，不得有砂砾石集中现象。

13.2.2　反滤料和垫层料的料源与要求

(1) 土石坝防渗体的反滤料利用天然或经加工的砂砾石料，或用致密坚硬石料轧制，或用天然砂砾石料与轧制料的掺合料。反滤的级配应符合施工图纸要求。

(2) 混凝土面板堆石坝的垫层料采用天然砂砾石料加工或致密坚硬石料轧制，或采用天然砂砾石料与轧制骨料的掺合料。

(3) 垫层料的级配应满足施工图纸要求，压实后应具有低压缩性、高抗剪强度，并具有良好的施工特性。中低坝垫层料可按监理人指示适当降低要求。

(4) 土工合成材料防渗体两侧的垫层料，可用天然砂砾石筛分制备，或采用天然风化砂料和河滩砂料；亦可采用建筑物开挖的新鲜石渣料或经砂石加工系统加工筛分的半成品料，级配应满足施工图纸要求。

(5) 沥青混凝土坝的垫层料应是致密坚硬碎石料，有良好的级配，沥青混凝土最大骨料与垫层料的最大粒径的比应满足施工图纸要求。

(6) 经加工的反滤料和垫层料应分类堆放。不得混杂，并应防止分离。

13.2.3　过渡料

采用硬岩料作为过渡料（包括混凝土面板堆石坝的细堆石料）时，其级配应满足施工图纸要求。

13.2.4 堆石料

（1）土石坝、混凝土和沥青混凝土面板堆石坝的各种堆石料，应使用经监理人批准的料场开挖料和建筑物开挖料，若承包人要求采用其它料物上坝时，应经监理人批准。

（2）碾压后硬岩堆石料的级配应符合施工图纸要求和通过现场试验选定。

（3）坝料开采与加工应遵照 SL 49—1994 第 4.2 节的有关规定。

（4）护坡块石料应是新鲜坚硬耐风化的石料，其粒径应符合施工图纸要求。

13.2.5 抛投块体

施工期，承包人应在坝脚抛投块体，防止岸坡崩塌；截流龙口的抛投料应根据施工图纸和监理人指示，并通过截流模型试验选定抛投料的材质、粒径，以及钢筋笼或混凝土异形块的尺寸和单块重量。

13.3 填筑现场试验

13.3.1 一般要求

（1）土石方填筑工程开始前，承包人应根据建筑物设计要求选定的土石方填筑料，并按本章第 13.4.2 条规定的试验内容，按施工图纸要求进行与实际施工条件相似的现场工艺试验，以确定填筑施工参数。

（2）每项土石方填筑现场工艺试验或现场生产性试验开始前，承包人应编制现场试验措施计划提交监理人批准。试验完成后，应将试验成果报告和试验记录提交监理人。

13.3.2 土料碾压试验

（1）防渗土料应进行土料铺料方式和碾压试验，必要时进行土料含水量调整试验。

（2）土料和人工掺合料的混合试验，应进行混合方式、混合效果（土石混合的均匀性）以及含水量变化规律等试验。

（3）土料碾压试验应按施工图纸规定的碾压机械类型、重量和行车速度，进行铺料厚度、碾压遍数和填筑含水量的比较试验。检测各种参数下压实土的干密度和含水量，砾质土或风化土料碾压前后的砾石含量。并进行现场渗透试验、原状样的室内压缩和抗剪强度试验。

（4）土料碾压试验后，应检查压实土层之间及土层本身的结构状况。如发现疏松土层、结合不良或发生剪切破坏等情况，应分析原因，提出改进措施。

13.3.3 垫层料和堆石料碾压试验

（1）根据施工图纸规定的碾压机械类型、重量和激振力，进行各种堆石料的铺料厚度、碾压遍数和加水量的比较试验；检测振动碾压前后填筑体及选定碾压遍数的填筑体干密度和颗粒级配等试验。

（2）混凝土面板堆石坝应进行垫层料的斜坡碾压试验，必要时应采取保护上游坡面的施工措施，如进行喷混凝土、碾压砂浆或喷乳化沥青等的试验。当上游坡面采用挤压墙时，应通过现场试验确定其施工参数。

13.4 坝体填筑

13.4.1 坝体填筑前的岸坡和基础清理

（1）一般要求：

1）清除坝体填筑范围内残留存的朽木、树根、杂草的腐蚀物质，并排除基坑积水；

2）坝基面和防渗帷幕附近的勘探槽、孔和平洞，均应按施工图纸要求回填封堵；

3）坝基中布置有观测设备时，承包人应在坝体填筑前埋设完毕，经监理人验收合格后，方可进行观测设备附近的坝体填筑；

4）坝体填筑应在基础处理经监理人验收合格进行。

（2）防渗体和反滤过渡区的基础和岸坡处理：

1）岩石地基上的防渗体和反滤过渡区与岩石岸坡结合，必须采用斜面连接，不得有台阶、急剧变坡、更不得有反坡。清理坡度符合施工图纸要求；

2）防渗体和反滤过渡区部位的基础和岸坡面的断层、断层影响破碎带，以及卸荷节理和裂隙的处理，应在填筑前按施工图纸要求处理完毕；

3）高坝防渗体与坝基及岸坡结合面的处理，当其设置有混凝土盖板时，不得影响基础灌浆和防渗体的施工，并应做好防裂止水，出现的裂缝应及时进行补强封闭处理。

（3）铺盖地基处理：

1）设有人工铺盖的地基表面应平整压实。在砂砾石地基上设置人工铺盖必须按施工图纸要求做好反滤过渡层；

2）利用天然土层作铺盖时，应按施工图纸要求复查土的物理性质、渗透系数、渗透稳定性及其铺盖的厚度、长度、分布是否连续，不能满足上述要求时，应采取补强措施，或做人工铺盖；

3）人工或天然铺盖的表面均应设置保护层，以防干裂、冻裂及冲刷。

（4）截水槽基础处理

坝基截水槽开挖应符合施工图纸要求，开挖、填筑过程中做好施工排水，防止地基和基坑边坡的渗透破坏。

13.4.2 防渗土料填筑

（1）防渗土料填筑应遵守 DL/T 5129—2001 第 10.2.2～10.2.6 条的有关规定。

（2）防渗土料与反滤料的填筑应遵守 DL/T 5129—2001 第 12.1.1～12.1.10 条的有关规定。

（3）心墙或斜墙施工填筑法应遵守 DL/T 5129—2001 第 10.2.7 条的规定。

（4）汽车穿越防渗体路口段，应经常更换位置，不同填筑层路口段应交错布置。对路口段超压土体的处理应经监理人批准。被污染的土料，应清除干净。

（5）混凝土防渗墙顶部与斜墙铺盖（或心墙）填土接触的部位，应按施工图纸要求铺设高塑性黏土。墙身两侧的填土应平起上升，靠墙的填土可用满载的运料汽车或装载机的轮胎或轻型振动碾顺墙轴线方向机械压实。

（6）心墙或斜墙填筑面应略向上游倾斜，以利排除积水。下雨前应采取措施，防止雨水下渗，雨后应将填筑面含水量调整至合格范围内，才能复工。

（7）雨季停工前，心墙或斜墙表面应铺设保护层，复工前予以清除。

（8）在负温条件下进行填筑应遵守 SL 49—1994 第 5.2.8 条的有关规定。

13.4.3 混凝土面板堆石坝上游铺盖区和盖重料填筑

（1）基础面清除干净、排除积水，经监理人同意后开始坝体分区料填筑。坝料的含水量应符合施工图纸要求。上游铺盖区和盖重料需同时连续平起上升，铺一层盖重料后，再铺上游铺盖料。铺料厚度按施工图纸要求确定。

(2)上游铺盖料用运土汽车或推土机碾压，碾压后的干密度应达到施工图纸要求。

13.4.4 混凝土面板堆石坝垫层料和过渡料填筑

(1)垫层料和过渡料的压实标准应按施工图纸的要求进行。

(2)上游坡面不采用挤压边墙时，应在坡面碾压后尽快用喷混凝土、沥青乳液或碾压砂浆保护。在雨季或多雨地区施工，应缩短上游坡面暴露的长度和时间。若上游坡面被冲刷，承包人应按施工图纸要求进行处理，直至监理人认为合格为止。

(3)按施工图纸作好排水管或排水井施工，保证填筑期内的排水畅通，并在水库蓄水前或监理人批准的时间，将排水管或排水井可靠地封堵。

(4)在负温下，除非经监理人批准，不能继续填筑垫层料和过渡料。

13.4.5 沥青混凝土堆石坝的垫层和过渡料填筑

沥青混凝土面板堆石坝的垫层和心墙堆石坝的过渡料填筑应遵守 DL/T 5363—2006 第 8.2 节、第 9.3 节的规定。

13.4.6 土工合成材料防渗堆石坝的反滤料和过渡料填筑

土工合成材料防渗堆石坝的反滤料和过渡料填筑应遵守 DL/T 5129—2001 第 10.5.1 条的规定。

13.4.7 坝体堆石料（包括砂砾石料）填筑

(1)堆石料的压实标准按施工图纸的要求控制。

(2)坝体堆石料的填筑应遵守 SL 49—1994 第 5.2.4～5.2.8 条的有关规定。

(3)在负温下，压实的硬岩堆石料或砂砾石料的孔隙率达到施工图纸要求时，可以继续填筑；软岩料不能在负温下填筑。

13.4.8 护坡块石填筑

护坡块石应随坝体上升逐层填筑。应将合格的块石用推土机推至坝坡边缘，由测量配合定位，块石大面朝外，用小石块楔紧。固定后护坡外缘与设计坝坡线误差不超过 ±10cm。块石护坡砌筑还应按本技术条款第 16 章的有关规定执行。

13.4.9 斜墙保护层石料填筑

斜墙保护层的施工应按本章第 13.4.7 条坝体堆石料填筑的方法进行。

13.4.10 施工期坝面过流保护

(1)承包人应按施工图纸的要求，制定坝面过流保护的安全措施提交监理人审批。承包人应配备足够的人力、材料和设备，在批准的工期内完成坝面的过流保护。

(2)堆石坝体洪水过流后，承包人应会同监理人共同查实被冲蚀的坝料、保护面的钢筋或混凝土板的损害情况，研究确定清理范围与受冲蚀建筑物的保护措施。若被冲蚀的范围很大，应增加现场施工设备满足施工进度要求。

13.5 填筑合理用料

13.5.1 料物供求平衡计划

(1)承包人应按本工程各料场开采储量、质量，以及施工开挖可用于填筑的土石方开挖料，并根据坝型、施工方法、施工进度和导流分期等进行综合分析，确定不同施工阶段各填筑料的填筑部位，制定取料和填筑的料物供求平衡计划。

(2)土石方填筑期间，应随时观测施工期间河水水位和流量变化，控制坝体填筑面貌。

若遇特殊情况，应备足料源，供坝体临时度汛高峰期填筑使用。

13.5.2 合理用料

（1）承包人应根据料场高程、位置、填筑部位作统一规划，合理安排施工顺序，高料高填、低料低填、减少过坝运输和交叉运输的干扰。

（2）承包人应按本技术条款的规定和料物供求平衡计划进行坝料的开采和加工，并按监理人指定的地点堆放和贮存料场开挖料和建筑物施工开挖料。

13.6 堤防工程施工

13.6.1 一般要求

（1）堤防工程的施工测量、放样应遵守 SL 260—1998 第 2.2 节的规定。

（2）堤防工程的料场核查应遵守 SL 260—1998 第 2.3 节的规定。

（3）机械设备及材料准备应遵守 SL 260—1998 第 2.4 节的规定。

（4）度汛、导流的洪水标准应遵守 SL 260—1998 第 3 章的规定。

13.6.2 筑堤施工

（1）筑堤材料应遵守 SL 260—1998 第 4 章的规定。

（2）堤防的基础及堤身填筑应遵守按 SL 260—1998 第 5 章、第 6 章的规定。

（3）堤防的加固与扩建应遵守 SL 260—1998 第 9 章的规定。

13.6.3 质量控制和验收

堤防的质量控制和验收应遵守 SL 260—1998 第 10 章、第 11 章的有关规定。

13.7 土工合成材料施工

13.7.1 材料

用于土石坝、围堰的防渗结构、反滤和排水设施的土工合成材料包括土工织物、土工膜和土工复合材料。其材料性能应遵守 SL/T 225—1998 第 3.2 节的有关规定。

13.7.2 运输及储存

（1）土工合成材料的运输及储存应遵守 SL/T 225—1998 第 3.3 节的规定。

（2）若采用折叠装箱运输土工合成材料，不得使用带钉子的木箱；若采用卷材运输，应注意防止在装卸过程中造成卷材表面的损害。

（3）土工合成材料应储存在不受损坏和方便取用的地方，尽量减少装卸次数。

13.7.3 拼接

（1）土工合成材料的拼接方式及搭接长度应满足施工图纸的要求，并遵守 SL/T 225—1998 第 5.6.2～5.6.5 条的有关规定。

（2）在施工过程中，若气温低于 0℃，必须对粘结剂和粘结面进行加热处理。粘结强度必须符合施工图纸的要求。

（3）采用现场粘结方式拼接土工合成材料应保证有足够的搭接长度，粘结剂应均匀涂满；采用热熔焊接进行拼接时，应保证有足够的焊接宽度，尽量选用宽幅的土工合成材料，若幅宽较窄，应在现场工作棚内拼接成宽幅，以减少现场接缝和粘（搭）结工作量。

13.7.4 土工合成材料铺设

（1）采用土工膜或复合土工膜作防渗体时，应规划好跨越土工膜的行驶道路。当车辆、设备等跨越土工膜时，应采取相应的保护措施，防止损伤已铺设的土工合成材料。

（2）土工合成材料的铺设方法应根据坝高和材料的受力方向、施工过程中的度汛要求以及尽量减少接缝的数量等因素确定。

（3）为防止大风吹损，在铺设期间应采用砂袋或软性重物将土工合成材料压住。当天铺设的土工合成材料应在当天拼接完成。

（4）对施工过程中遭受损坏的土工合成材料，应及时修理，修理时应将破坏部位不符合要求的料物清除干净，补充填入合格料物后进行平整。对受损的土工合成材料，应外铺一层合格的土工合成材料，其各边长度应大于破损部位 1m 以上，并将两者进行拼接处理。

（5）斜墙上土工合成材料的铺设应遵守以下规定：

1）土工合成材料铺设前，应按施工图纸要求完成支持层施工，支持层应碾压密实，坡面平整；

2）开挖基础锚固槽和坡面防滑槽，其断面尺寸应符合施工图纸的规定；

3）对基础锚固槽、坡面防滑槽和坝坡坡面进行清理和验收后，由上向下滚铺卷材；

4）铺设过程中，作业人员不得穿硬底皮鞋及带钉鞋。不准在土工合成材料上卸放护坡块体，不准用带尖头的撬动工具，不准进行可能引起土工合成材料损坏的施工作业；

5）土工合成材料与基础及支持层之间应压平贴紧，避免架空。对易产生架空现象的坝面马道部位可设置水平槽。

（6）心墙土工合成材料铺设应遵守以下规定：

1）中央防渗的土工膜和复合土工膜应和坝体填筑同时进行，按"之"字形铺设。其具体折皱高度和折皱角度应满足施工图纸要求；

2）若沿坝轴线方向设有伸缩节、并采用单一土工隔膜时，应在隔膜两侧加细颗粒料或加土工织物；

3）回填两侧砂砾石料时，在距土工膜 50～100cm 范围内只能用小型设备压实，不得用振动碾碾压。

（7）土工膜与周边连接施工：

1）土工膜应通过锚固槽与河床或岸坡的不透水基岩紧密连接，顶部应锚固于防浪墙的混凝土中，以形成整体防渗。其锚固长度应符合施工图纸的要求；

2）土工膜与周边的连接形式应符合施工图纸的要求。土工膜与下部混凝土防渗墙连接时，土工膜应直接埋入防渗墙混凝土内。与岸坡基岩或混凝土建筑物连接，可直接锚在基岩或混凝土面上，或埋入混凝土齿墙内，并同时在岸坡附近设伸缩节。

13.7.5 保护层施工

（1）当土工膜用于斜墙防渗时，应在铺设好的土工膜上进行保护层施工。保护层的形式应符合施工图纸的要求。

（2）混凝土或石料的保护层铺设应处理好基础，保证保护层不会滑动；土料保护层、应自下而上分层填筑，铺料厚度和压实干密度应满足施工图纸的要求。

13.8 质量检查和验收

13.8.1 土石方填筑前的质量检查和验收

（1）填筑前的地形平面、剖面测量资料的复核检查；

(2) 填筑前基础面清理的检查和验收；
(3) 土石方填筑料的物理力学试验成果抽检；
(4) 施工碾压参数及其试验成果的检查和验收。

13.8.2 土石方填筑过程的质量检查和验收

(1) 填筑过程的质量检查的内容、方法和程序应遵守 SL 49—1994 附录 A 的规定。

(2) 坝料填筑质量控制标准应符合本章第 13.6.2～13.6.4 条和第 11.6.8 条的规定。

(3) 在土料场对防渗土料的含水量和颗粒级配进行检验，严格控制上坝土料的含水量。

(4) 在石料场对石料质量和尺寸外形及堆石料的级配进行检验；在反滤料场对成品料的颗粒级配、含水量、软弱颗粒含量和形状等进行检验。

(5) 对防渗土料的含水量和干密度、砾质土颗粒级配、反滤料和堆石料的干密度、孔隙率和颗粒级配等碾压参数进行检验。

(6) 对坝体的每一层填筑面，应按本章第 13.6 节的规定进行工程隐蔽部位的验收。

(7) 取样测定堆石料干密度，其平均值不应小于施工图纸规定的设计值。

(8) 承包人应按监理人指示，针对本章第 13.6 节的施工内容，提交各项质量检查报告。经监理人验收后作为土石方填筑工程完工验收的附件。

13.8.3 堤防工程的施工质量控制和验收

堤防工程施工质量控制和验收应遵守 SL 260—1998 第 10 章、第 11 章的规定。

13.8.4 土工合成材料防渗体的质量检查和验收

(1) 承包人应按本章第 13.8.1 条的有关规定。对运到工地的每批土工合成材料进行检查和验收。

(2) 每层土工合成材料被回填覆盖前，承包人应会同监理人按工程隐蔽部位的验收要求，对土工合成材料防渗体施工质量进行以下项目的检验和验收：

1) 每层土工合成材料被覆盖前，应根据 SL/T 225—1998 第 5.6.9 条第 1 项、第 2 项的规定，采用目测或用真空法、充气法检查有无漏接，接缝烫损和折皱等缺陷；

2) 承包人应按 SL/T 225—1998 第 5.6.9 条第 3 项的规定，进行拉伸强度试验，要求接缝处强度不低于母材的 80%，且试件断裂不得在接缝处，防止接缝不合格。

13.8.5 完工验收

填筑工程全部完工后，承包人应向监理人申请完工验收，并提交以下完工验收资料：

(1) 坝（堤）体土石方填筑工程（包括填筑体防渗结构及土工布防渗结构）竣工图；
(2) 坝基及其排水孔（洞）、灌浆洞地质编录资料；
(3) 现场试验成果；
(4) 坝（堤）体填筑质量及土工布施工质量（包括质量事故处理）报告；
(5) 施工期坝（堤）体安全监测的观测成果；
(6) 工程隐蔽部位的检查验收报告；
(7) 监理人要求提供的其它资料。

13.9 计量和支付

13.9.1 坝体填筑

(1) 坝（堤）体填筑按施工图纸所示尺寸计算的有效压实方体积以立方米为单位计量，

由发包人按《工程量清单》相应项目有效工程量的每立方米工程单价支付。

（2）坝（堤）体全部完成后，最终结算的工程量应是经过施工期间压实并经自然沉陷后按施工图纸所示尺寸计算的有效压实方体积。若分次支付的累计工程量超出最终结算的工程量，发包人应扣除超出部分工程量。

（3）粘土心墙、接触粘土、混凝土防渗墙顶部附近的高塑性粘土、上游铺盖区的土料、反滤料、过渡料和垫层料均按施工图纸所示尺寸计算的有效压实方体积以立方米为单位计量，由发包人按《工程量清单》相应项目有效工程量的每立方米工程单价支付。

（4）坝体上、下游面块石护坡按施工图纸所示尺寸计算的有效体积以立方米为单位计量，由发包人按《工程量清单》相应项目有效工程量的每立方米工程单价支付。

（5）除合同另有约定外，承包人对料场（土料场、石料场和存料场）进行复核、复勘、取样试验、地质测绘以及工程完建后的料场整治和清理等工作所需的费用，包含在每立方米（吨）材料单价或《工程量清单》相应项目工程单价或总价中，发包人不另行支付。

（6）坝体填筑的现场碾压试验费用，由发包人按《工程量清单》相应项目的总价支付。

13.9.2 土工合成材料防渗体

土工合成材料的铺设按施工图纸所示尺寸计算的有效面积以平方米为单位计量，由发包人按《工程量清单》相应项目有效工程量的每平方米工程单价支付。土工合成材料的接缝搭接面积和褶皱面积、抽样检验等所发生的费用包含在《工程量清单》相应项目有效工程量的工程单价中，发包人不另行支付。

13.9.3 堆石坝体过流保护

过流保护施工和过流后堆石坝体修复、基坑排水、清淤和道路恢复等费用，由发包人按《工程量清单》相应项目的总价支付。

第14章 混凝土工程

14.1 一般规定

14.1.1 应用范围

(1) 本章规定适用于本合同施工图纸所示的永久和临时建筑物的各类混凝土（含钢筋混凝土）工程的施工，包括混凝土、预制混凝土、预应力混凝土、水下混凝土、碾压混凝土以及泵送混凝土等。

(2) 本章主要的施工内容包括：混凝土生产（包括混凝土材料、配合比设计、混凝土拌制及混凝土的取样和检验等），管路和预埋件施工，止水、伸缩缝和坝体排水施工，混凝土运输、浇筑以及温度控制和混凝土养护等。

(3) 本章规定还包括混凝土工程各种类型的模板与钢筋的制作和安装，模板中包括钢筋混凝土模板、钢模板、悬臂模板和特种模板等。

14.1.2 承包人责任

(1) 除合同另有约定外，承包人应按本工程施工图纸的要求，负责砂、石骨料的生产、运输、贮存和使用。

(2) 除合同另有约定外，承包人应负责修建本工程的混凝土拌和厂，包括其生产设备的采购、安装、运行管理、维护和拆除，并使其生产能力满足本合同规定的施工进度要求。

(3) 承包人应负责本工程各种类型模板的制作、安装、拆除和维护，以及钢筋和锚筋的制作和安装。

(4) 承包人应负责进行混凝土的室内试验、现场试验，以选定混凝土的原材料、最优配合比、施工工艺和浇筑程序。

(5) 承包人应根据本合同技术条款和施工图纸所示的各种强度等级混凝土的质量要求，负责混凝土的拌和、运输、浇筑、温度控制和养护。

(6) 承包人应负责本合同技术条款和施工图纸所示预制混凝土和预应力混凝土构件的制作、运输和安装以及水下混凝土和碾压混凝土的施工。

14.1.3 主要提交件

(1) 混凝土浇筑施工措施计划：承包人应在混凝土工程开工前，编制混凝土浇筑的施工措施计划，提交监理人批准，其内容包括：

1) 混凝土浇筑所需的砂石料场（仓）、拌和厂、混凝土运输和浇筑设备、温度控制设施，以及混凝土试验等的布置、设备配置计划及其施工安装措施；

2) 各种混凝土配合比设计与室内混凝土试验计划；

3) 混凝土生产、运输、浇筑等的施工工艺和方法；

4) 现场工艺试验的措施计划；

5) 混凝土温度控制的专项技术措施；

6) 施工质量控制措施及其质量检查和检验方法等。

(2) 混凝土质量检查报表

承包人应按监理人的指示提供混凝土拌和与浇筑质量的施工记录报表，包括混凝土原材料的品质检查报表、强度等级和配合比试验成果、各种混凝土浇筑分块程序、浇筑记录、质量检查、事故处理、混凝土养护和表面保护等作业记录等。

14.1.4　引用标准

(1)《低热微膨胀水泥》(GB 2938—2008)；

(2)《通用硅酸盐水泥》(GB 175—2007)；

(3)《混凝土结构工程施工质量验收规范》(GB 50204—2002)；

(4)《粉煤灰混凝土应用技术规程》(GBJ 146—1990)；

(5)《预应力混凝土用钢丝》(GB/T 5223—2002)；

(6)《预应力混凝土用钢绞线》(GB/T 5224—2003)；

(7)《预应力筋用锚具、夹具和连接器》(GB/T 14370—2000)；

(8)《水工混凝土试验规程》(SL 352—2006)；

(9)《水工碾压混凝土施工规范》(SL 53—1994)；

(10)《混凝土面板堆石坝施工规范》(SL 49—1994)；

(11)《水工建筑物滑动模板施工技术规范》(SL 32—1992)；

(12)《水工建筑物抗冲磨防空蚀混凝土技术规范》(DL/T 5207—2005)；

(13)《水工混凝土钢筋施工规范》(DL/T 5169—2002)；

(14)《水工混凝土施工规范》(DL/T 5144—2001)；

(15)《水电水利工程模板施工规范》(DL/T 5110—2000)；

(16)《混凝土用水标准》(JGJ 63—2006)；

(17)《轻骨料混凝土技术规程》(JGJ 51—2002)；

(18)《混凝土泵送施工技术规程》(JGJ/T 10—1995)；

(19)《混凝土及预制混凝土构件质量控制规程》(CECS 40：92)。

14.2　混凝土生产

14.2.1　混凝土材料

(1) 水泥。混凝土的水泥应遵守 GB 175—2007 的有关规定，泵送混凝土应遵守 JGJ/T 10—1995 的有关规定。

(2) 骨料。混凝土的骨料应遵守 DL/T 5144—2001 第 5.2 节规定，泵送混凝土应遵守 JGJ/T 10—1995 的有关规定。

(3) 水。混凝土浇筑用水应遵守 JGJ 63—2006 的规定。

(4) 掺合料。混凝土掺合料应遵守 DL/T 5144—2001 第 5.3 节规定，泵送混凝土应遵守 JGJ/T 10—1995 的有关规定。

(5) 外加剂。混凝土外加剂应遵守 DL/T 5144—2001 第 5.4 节的有关规定，泵送混凝土应遵守 JGJ/T 10—1995 的有关规定。

(6) 硅粉。配制水工硅粉混凝土的硅粉质量标准应满足施工图纸的要求。

14.2.2 混凝土配合比选定

混凝土配合比选定应遵守 DL/T 5144—2001 第 6 章的有关规定。

14.2.3 混凝土拌和

（1）混凝土拌和设备：

1）拌和厂应选用高效、可靠的固定式拌和设备，并采用自动或半自动控制的计量设备配料，拌和厂设备生产率必须满足本工程高峰浇筑强度的要求。

2）拌和厂选用的所有称量、指示、记录及控制设备都应有防尘措施，设备称量应满足规定的精度要求，承包人应及时校正称量设备的精度。

3）施工过程中，承包人若要改变混凝土生产程序或设备，必须将改变后的设备生产能力、技术说明书以及混凝土生产流程等提交监理人批准。

4）承包人应设置排水沉淀池，分离或同时采取其它有效措施，防止污染环境。并应防止污水或含有悬浮质的水流污染施工现场和排入河流。

（2）混凝土拌和。混凝土拌和应遵守 DL/T 5144—2001 第 7.1 节的有关规定。

14.2.4 混凝土的取样和检验

（1）混凝土原材料的取样和检验。混凝土原材料的取样和检验应遵守 DL/T 5144—2001 第 11.2 节的有关规定。

（2）混凝土拌和与混凝土拌和物的质量检测：

1）混凝土拌和与混凝土拌和物的质量检测应遵守 DL/T 5144—2001 第 11.3 节的规定。

2）混凝土施工配合比必须满足本合同技术条款和施工图纸的要求，施工配料必须严格按监理人批准的混凝土配料单进行配料，严禁擅自更改。

3）混凝土坍落度及混凝土拌和物的水胶比按 SL 352—2006 的规定取样检测。

4）混凝土拌和温度、气温和原材料温度的检测方法应遵守 SL 352—2006 的规定。

5）各级混凝土试件的各项试验和检测均应遵守 SL 352—2006 的规定。

14.3 模板

14.3.1 模板材料

模板材料应遵守 DL/T 5110—2000 第 5 章的有关规定。

14.3.2 模板的设计、制作和安装

（1）混凝土模板的设计，除应满足本合同施工图纸的规定外，还应遵守 DL/T 5110—2000 第 6 章的有关规定。

（2）各种混凝土模板制作的允许偏差不应超过 DL/T 5110—2000 第 7 章表 7.0.1 的有关规定。

（3）承包人应负责异型模板（蜗壳、尾水管等）、特种模板（包括滑动模板、移置模板和永久性模板）的设计、制作和安装，应遵守 DL/T 5110—2000 第 10 章的有关规定。

（4）曲面模板的设计和制作，除应满足本合同施工图纸所示的混凝土建筑物表面的曲度要求外，其允许偏差应遵守 DL/T 5110—2000 第 7.0.1 条的规定。

（5）模板之间的接缝必须平整严密，建筑物分层施工时应逐层校正下层偏差，模板下端不应有"错台"。

（6）模板及支架上严禁堆放超过其设计荷载的材料和设备。

(7) 模板安装应按混凝土结构物的详图测量放样，重要结构多设控制点，以利检查校正。

(8) 建筑结构混凝土与钢筋混凝土模板的安装允许偏差应遵守 GB 50204—2002 第 4.2.7 条的规定，大体积混凝土模板的安装允许偏差应遵守 DL/T 5110—2000 第 8.0.9 条的规定。

14.3.3 模板的清洗和涂料

(1) 钢模板在每次使用前应清洗干净；为防锈和拆模方便，钢模面板应涂刷防锈保护涂料，不得采用污染混凝土和影响混凝土质量的涂剂。

(2) 木模板面应采用烤石蜡或其它监理人批准的保护性涂料进行保护。

14.3.4 模板的拆除和维修

(1) 现浇混凝土的模板（如侧模、底模）以及钢筋混凝土与混凝土结构的承载模板拆除时的混凝土强度应遵守本合同施工图纸和 DL/T 5110—2000 第 9.0.1 条的规定。

(2) 墩、台、柱部位的混凝土强度必须达到_____ MPa 时，方可拆除模板。

(3) 特殊模板的拆除时限应由承包人报经监理人批准。

(4) 预制混凝土构件模板拆除的混凝土强度应遵守施工图纸和 DL/T 5110—2000 第 9.0.3 条的规定。

(5) 后张法预应力混凝土结构模板的拆除，除应满足本合同技术条款和施工图纸的要求外，其侧面模板应在预应力张拉前拆除，底部模板应在结构构件建立预应力后拆除。

(6) 经计算和试验复核后，混凝土结构实际强度已能承受自重及其它荷载时，经监理人批准后，方可提前拆模。未经监理人批准，模板及其支架和支撑均不得任意拆除。

(7) 模板的安装及拆除作业必须使用专项设备，并应严格按规定的施工程序进行，以避免施工期发生事故，防止混凝土及其模板的损坏。

14.3.5 模板质量检查

(1) 现场安装质量检查：

1) 模板及其附件的制作质量应满足本合同技术条款和施工图纸的要求；

2) 模板安装应有足够的密封性能，以防止混凝土浇筑过程中的水泥浆流失；

3) 重复使用的模板应保持原设计要求的强度、刚度、密实性和模板表面的光滑度，检查发现模板有损坏时，承包人应按监理人指示进行更换或修补；

4) 模板安装完成后，承包人应会同监理人共同对模板的安装质量进行检查，检查记录应提交监理人；

5) 在混凝土浇筑过程中，承包人应随时检查模板的定线和定位，发现偏差和位移，应采取有效措施予以纠正，检查记录应提交监理人。

(2) 模板拆除后的检查

拆模时间应经过验算。拆模后，承包人应会同监理人共同检查混凝土结构物及其浇筑面质量是否达到施工图纸要求的混凝土强度和平整度，验算成果和检查记录应提交监理人。

14.4 钢筋

14.4.1 材料

(1) 混凝土结构用的钢筋和锚筋的规格和质量应遵守 DL/T 5169—2002 的规定。

(2) 每批钢筋使用前，应按 DL/T 5169—2002 第 4.2.2 条的规定，分批进行钢筋的机械性能检测。检测合格者才准使用，检测记录应提交监理人。

(3) 对钢号不明的钢筋，承包人应按 DL/T 5169—2002 第 4.2.3 条的规定进行钢材化学成分和主要机械性能的检验，经检验合格，并经监理人批准后，方可使用。

14.4.2 钢筋的加工和安装

(1) 钢筋表面应洁净无损伤，使用前应将钢筋表面的油漆污染和铁锈等清除干净，带有颗粒状或片状老锈的钢筋不得使用。

(2) 钢筋的弯折、端头和接头的加工应遵守 DL/T 5169—2002 第 5.2 节、第 5.3 节的规定。

(3) 钢筋的焊接应按满足本合同技术条款和施工图纸的要求，并遵守 DL/T 5169—2002 第 6 章的规定。

(4) 钢筋的气压焊作业应遵守 DL/T 5169—2002 第 6.2.8 条的规定。

(5) 钢筋的安装和绑扎应遵守 DL/T 5169—2002 第 7 章的规定。

14.4.3 钢筋的质量检查和检验

(1) 钢筋的机械性能检验应遵守 DL/T 5169—2002 第 4.2.2 条的规定。

(2) 钢筋的接头质量检验应遵守 DL/T 5169—2002 第 6.2 节的规定，其中气压焊应遵守 DL/T 5169—2002 第 6.2.8 条的规定；机械连接应遵守按 DL/T 5169—2002 第 6.2.9 条规定。

(3) 钢筋架设完成后，应按本合同技术条款和施工图纸的要求进行检查和检验，并做好记录，若安装好的钢筋和锚筋生锈，应进行现场除锈，对于锈蚀严重的钢筋应予更换。

(4) 在混凝土浇筑施工前，应检查现场钢筋的架立位置，如发现钢筋位置变动应及时校正，严禁在混凝土浇筑中擅自移动或割除钢筋。

(5) 钢筋的安装和清理完成后，承包人应会同监理人在混凝土浇筑前进行检查和验收，并做好记录，经监理人批准后，才能浇筑混凝土。

14.5 混凝土（含钢筋混凝土）

混凝土的材料、配合比设计及拌和应按本章第 14.2 节的规定执行。

14.5.1 混凝土运输

混凝土运输应遵守 DL/T 5144—2001 第 7.2 节的规定。

14.5.2 混凝土浇筑

(1) 浇筑前准备应遵守 DL/T 5144—2001 第 7.3.1～7.3.4 条的规定。

(2) 在岩基或软基建基面的浇筑混凝土浇筑应遵守 DL/T 5144—2001 第 7.3 节的规定。

(3) 混凝土分层浇筑作业应遵守 DL/T 5144—2001 第 7.3.6～7.3.8 条的有关规定。

(4) 混凝土浇筑的振捣应遵守 DL/T 5144—2001 第 7.3.9 条的规定。

(5) 混凝土浇筑应保持连续性，浇筑混凝土允许间歇时间应通过试验确定，并应遵守 DL/T 5144—2001 第 7.3.11 条的有关规定。

(6) 应在混凝土浇筑工艺设计中，根据搅拌、运输和浇筑的设备能力、振捣性能及气温等因素，详细确定混凝土浇筑层厚度。其浇筑层允许最大厚度应参照 DL/T 5144—2001 表 7.3.7 的有关数据选定。

(7) 混凝土浇筑施工缝的处理应按 DL/T 5144—2001 第 7.3.14 条的规定执行。

14.5.3 混凝土养护

混凝土养护应遵守 DL/T 5144—2001 第 7.5 节的有关规定。

14.5.4 混凝土温度控制

(1) 一般要求：

1) 本节规定适用于现场浇筑大体积混凝土的温度控制工程，并应遵守 DL/T 5144—2001 第 8 章的有关规定。其它有温度控制要求的现浇混凝土（如岩壁吊车梁、地下厂房工程）应参照本条有关规定执行；

2) 承包人应根据本合同施工图纸所设置的混凝土工程建筑物的浇筑纵横缝、分层厚度、浇筑间歇时间、混凝土允许最高温度及其它温度控制要求，编制温度控制措施专项技术文件，提交监理人批准；

3) 承包人应采取有效措施控制混凝土搅拌机出机口温度，以及运输、浇筑过程中的温度回升，混凝土允许浇筑温度应符合本合同技术条款和施工图纸的要求；

4) 混凝土浇筑的纵横缝设置、分层厚度及浇筑间歇时间等，必须符合本合同技术条款和施工图纸的要求。若改变分层厚度时需要专门论证，并提交监理人批准；

5) 为提高混凝土抗裂能力，混凝土质量除应满足强度保证率要求外，还至少应达到 DL/T 5144—2001 表 11.5.11 中混凝土生产质量优良的等级水平。

(2) 降低混凝土浇筑温度

降低混凝土浇筑温度应遵守 DL/T 5144—2001 第 8.2.1 条的有关规定。

(3) 降低混凝土水化热温升

在满足合同技术条款和施工图纸规定的混凝土各项指标（强度、耐久性、抗裂等）要求的前提下，优化混凝土配合比设计，采取综合措施，减少混凝土单位水泥用量。

(4) 降低坝体内外温差

在低温季节前将坝体温度降至施工图纸要求的温度，以降低坝体内外温差，防止或减少表面裂缝。

(5) 控制浇筑层最大高度和浇筑间歇时间

大体积混凝土浇筑应控制浇筑层最大高度和浇筑间歇时间。除施工图纸另有规定外，大体积混凝土浇筑的最大高度和最小间歇时间应遵守 DL/T 5144—2001 的有关规定。

(6) 通水冷却：

1) 初期冷却：初期通水冷却应遵守 DL/T 5144—2001 第 8.2.2 条 3 款的规定。

2) 中、后期冷却：初期冷却结束后，应加强温度检测，控制混凝土温度回升不超过 1.5℃，通水冷却的水温、通水流量、最大降温速率以及不同区域坝体混凝土温度控制和温度梯度等要求应按施工图纸要求或监理人指示确定。

(7) 混凝土表面保护措施

混凝土表面保护应遵守 DL/T 5144—2001 第 8.2.4 条的规定。

(8) 温度测量

混凝土施工过程中的温度测量应遵守 DL/T 5144—2001 条第 8.3 节的规定。

(9) 低温季节施工

混凝土低温季节施工应遵守 DL/T 5144—2001 第 9 章的有关规定。

14.5.5 混凝土防渗面板和趾板施工

(1) 面板和趾板混凝土的原材料应遵守 SL 49—1994 第 6.1.1 条的规定。

(2) 面板与趾板混凝土配合比应满足本合同施工图纸的要求,并遵守 SL 49—1994 第 6.1.2 条的规定。

(3) 趾板施工应遵守 DL/T 5144—2001 第 6.2 节的有关规定。

(4) 面板施工应遵守 SL 49—1994 第 6.3 节的规定施工。

(5) 面板的止水设施施工应遵守 SL 49—1994 第 7 章的有关规定。

14.5.6 二期混凝土施工

(1) 二期混凝土施工范围包括闸门槽混凝土、钢衬预留槽混凝土、门机大梁轨底预留槽混凝土、电站厂房尾水管锥管和蜗壳周围混凝土、座环及水轮发电机支承混凝土、轨道梁预留槽混凝土,以及预留孔洞、坑、槽、沟等的混凝土浇筑。

(2) 选用收缩性较小的原材料进行二期混凝土配合比试验,选定的混凝土配合比应满足混凝土强度保证率_____%以上,离差系数不大于_____,原材料和混凝土配合比试验成果应提交监理人批准。

(3) 槽孔二期混凝土浇筑应采用小型振捣机或用手工棒或钎捣实,避免漏振。

(4) 二期混凝土模板的拆除时间及其养护作业,应按监理人批准的施工措施进行。

14.5.7 抗冲、抗磨蚀部位的混凝土施工

(1) 本节规定的应用范围为高速水流过流的溢洪道、底孔与底孔进出口段等泄水建筑物。

(2) 抗冲和抗磨混凝土的材料和配合比应遵守 DL/T 5207—2005 第 6 章和第 7.1 节的规定。

(3) 抗冲和抗磨混凝土施工应遵守 DL/T 5207—2005 第 7.2 节的有关规定。

14.5.8 止水、伸缩缝和排水

止水、伸缩缝和排水施工应遵守 DL/T 5144—2001 第 10.2 节的有关规定。

14.5.9 埋设管路和埋设件

(1) 坝内排水设施施工应遵守 DL/T 5144—2001 第 10.2.5 条的规定。

(2) 冷却水管与接缝灌浆管路埋设应遵守 DL/T 5144—2001 第 10.3 节的有关规定。

(3) 金属件埋设应遵守 DL/T 5144—2001 第 10.4 节的有关规定。

14.5.10 质量检查和验收

(1) 混凝土原材料的质量检验和验收

承包人应会同监理人,按本章第 14.2.1 条的规定,对本工程混凝土原材料进行现场抽样检验和入库验收,检验成果应提交监理人。

(2) 混凝土拌和物的质量检验

承包人应会同监理人,按本章第 14.2.3 条的规定进行混凝土拌和物的现场抽样检验,检验成果应提交监理人。

(3) 建筑物的混凝土浇筑和成型质量的检查和验收:

1) 建基面混凝土浇筑前,应由承包人会同监理人对建基面的测量放样成果和建基面的基础清理质量进行检查与验收;

2) 混凝土浇筑过程中,承包人应会同监理人对混凝土建筑物的测量放样成果进行检查和验收。其测量放样成果应提交监理人;

3）监理人应会同承包人按 DL/T 5144—2001 的有关规定，对现场浇筑的混凝土的强度、浇筑温度和坝体内温度进行检验和检测，其检验和检测成果应提交监理人；

4）混凝土浇筑过程中，承包人会同监理人对各浇筑面的施工浇筑质量和养护质量，以及各种埋设件的埋设质量进行质量检查和验收，检查和验收记录应提交监理人；

5）混凝土工程建筑物浇筑完成后，承包人应会同监理人对混凝土工程建筑物永久结构面的成型质量进行检查和验收。检查和验收记录应提交监理人。

（4）堆石坝面板（趾板）混凝土质量的检验

1）面板滑动模板的质量应参照 SL 49—1994 附表 A5、A6 的有关数据进行检查；

2）面板混凝土浇筑质量应参照 SL 49—1994 附表 A7、A8 的有关数据进行检查，并按 SL 49—1994 附录 A1.4.2 规定进行取样检测。检测成果应提交监理人；

3）面板、趾板的止水设施质量应参照 SL 49—1994 附录 A1.5 的规定进行检查，止水设施至少每 __5m__ 检查一点。

（5）完工验收

混凝土工程建筑物全部完工后，承包人应向发包人申请完工验收，并提交以下完工资料：

1）混凝土工程建筑物竣工图（包括布置图和主要结构图）；

2）混凝土工程建筑物的隐蔽工程及工程隐蔽部位的质量检查验收报告；

3）混凝土工程建筑物的永久观测设施的竣工资料及建筑物观测成果；

4）混凝土建筑物的缺陷修补和质量事故处理报告；

5）混凝土工程建筑物成型复测成果；

6）监理人要求提交的其它完工资料。

14.6 预制混凝土

14.6.1 材料

（1）预制混凝土所需原材料的采购、储存、运输、拌和以及配合比试验等均应符合本章第 14.2 节、第 14.5 节的有关规定。

（2）预制混凝土构件的模板应优先采用钢模，模板的材料及其制作、安装、拆除等工艺应符合本章第 14.3 节的有关规定。各种模板必须有足够的承载力、刚度和稳定性，并应构造简单、支撑拆除方便，模板接缝不应漏浆，与混凝土接触面应平整光洁。

（3）钢筋的采购、运输、保管、质量检验和验收应符合本技术条款第 14.4 节的有关规定。

14.6.2 预制构件

（1）制作预制混凝土构件的场地应平整坚实，设置必要的排水设施，保证制作构件时不因混凝土浇筑振捣而引起场地的沉陷变形。

（2）预制构件的钢筋安装应遵守 DL/T 5169—2002 的有关规定。

（3）预制构件使用的钢板、钢筋、吊耳等各种预埋件，其埋设的允许偏差和外观质量应符合 CECS 40∶92 表 6.2.37 的有关规定。

（4）预制混凝土构件的制作允许偏差应参照 GB 50204—2002 表 9.2.5 的有关数据确定。

（5）预制混凝土模板的安装和拆除符合 GB 50204—2002 表 4.3.1 的有关规定，混凝土预制件必须达到规定强度后，方可拆除模板。

14.6.3 养护、修整和标记

（1）养护：用水养护混凝土应不少＿＿＿天，蒸汽养护应按监理人的指示或现行规范中的有关规定进行。

（2）表面修整：预制混凝土表面修整应符合 DL/T 5144—2001 有关规定。

（3）合格标记：经监理人检查合格的预制混凝土构件应标有合格标志，并标有合格的编号、制作日期和安装标记，未标有合格标志或有缺陷的构件不得使用。

14.6.4 运输、堆放、吊运和安装

运输、堆放、吊运和安装应符合 GB 50204—2002 第 9.4 节有关规定。

14.6.5 质量检查和验收

承包人应会同监理人对预制混凝土构件的制作和安装进行以下项目的检查和验收：

（1）预制混凝土原材料的质量检验应按本章第 14.2 节有关规定执行。

（2）预制混凝土构件应按 GB 50204—2002 第 9 章的规定进行预制构件性能检验、外观质量检查和构件施工安装质量的检查。

14.7 预应力混凝土

14.7.1 材料

（1）预应力混凝土所采用的常规钢筋、水泥、骨料和掺合料等应符合本章第 14.2 节和第 14.4 节的有关规定。

（2）预应力钢筋、钢绞线和钢丝：

预应力钢筋、钢绞线和钢丝应符合 GB 50204—2002 第 6.2 节的有关规定。

14.7.2 锚固器具和张拉设备

锚固器具和张拉设备应遵守 GB/T 14370—2000，以及 GB 50204—2002 第 6.2.6～6.2.8 条的有关规定。

14.7.3 预应力筋制作和安装

预应力筋的制作和安装应遵守 GB 50204—2002 第 6.3 节的有关规定。

14.7.4 预应力混凝土浇筑和养护

（1）预应力混凝土浇筑构件内的钢筋绑扎及套管等各类预埋件的埋设和固定就位完毕，并经监理人检验合格后，方能进行预应力构件的混凝土浇筑。

（2）预应力混凝土浇筑应连续进行，不允许产生混凝土冷缝；混凝土振捣时，避免碰撞预应力钢束管道和预埋件，并应经常检查模板、管道、锚固件及埋设件有无缺失和损坏。

（3）预应力混凝土的养护应按普通混凝土的有关规定进行。

（4）混凝土强度尚未达到＿15～20MPa＿时，不得拆除模板。

14.7.5 预应力张拉

预应力张拉应符合 GB 50204—2002 第 6.4 节的有关规定。

14.7.6 灌浆及封锚

灌浆及封锚应符合 GB 50204—2002 第 6.5 节的有关规定。

14.7.7 运输和安装

预应力混凝土预制件的运输、堆放、吊运和安装应按本章第 14.6.4 条的规定进行。

14.7.8 质量检查和验收

承包人应会同监理人对预应力混凝土进行以下项目的检查和验收：
（1）预应力混凝土的各项原材料应按本章第14.2.1条的规定进行质量检查和验收。
（2）预应力混凝土结构和构件的制作安装质量应按以下要求进行检查和验收：
1）预应力混凝土浇筑过程的取样试验按本章第14.2.4条有关规定执行；
2）预应力混凝土构件制作尺寸的允许偏差应遵守 GB 50204—2002 的有关规定；
3）预应力构件安装的定位放样应施工图纸的要求进行检查和验收；
4）预应力的应力延伸率的预应力损失值应按施工图纸的要求进行检查和验收。

14.8 水下混凝土

14.8.1 材料

水下混凝土采用的水泥、骨料和外加剂，其品质应符合本章第14.2.1条、第14.4.1条的规定，并应按监理人的指示执行。

14.8.2 水下地形测量

承包人应会同监理人在本工程的水下混凝土浇筑前＿＿＿天，按本合同施工图纸规定的施测范围，测绘水下混凝土工程的水下地形图及其有关的测绘资料，提交监理人批准。

14.8.3 水下混凝土施工

（1）水下混凝土采用直升导管法施工，应遵守下列规定：
1）导管的数量与位置应根据施工图纸规定的浇筑范围和导管的作用半径确定；
2）导管在使用前应进行密闭试验，密闭情况良好的导管才可投入使用；
3）在浇灌过程中，导管只能上下升降，不得左右移动；
4）开始浇灌时，导管底部应离水下地基面＿＿＿cm，并尽量安置在地基低洼处。

（2）混凝土粗骨料的最大粒径不得大于导管内径的 1/4 ，或钢筋净间距的 1/4 ，亦不应超过＿＿＿cm。坍落度应取＿＿＿至＿＿＿cm之间，开始坍落度取小值，结束时酌量放大，以保证后注入的混凝土能自动摊平。

（3）水下混凝土应连续浇灌，若混凝土的供应因故暂时中断，应设法防止管内出空。若中断时间较长，则必须等待已浇灌混凝土的强度达到 2.5MPa 时，并清除混凝土表面软弱部分后，才允许继续灌注混凝土。

（4）灌注混凝土表面应高于设计标高约 10cm ，以便清除其强度低的表层混凝土。

14.8.4 质量检查和验收

水下混凝土浇灌质量的检查和验收：
（1）按本章第14.8.1条的要求进行水下混凝土原材料的质量检查和验收；
（2）监理人应按本章第14.8.2条的规定进行水下地形测量成果的检查和验收；
（3）水下混凝土浇灌后，应钻取芯样进行混凝土强度的检验和验收。

14.9 碾压混凝土

14.9.1 材料

碾压混凝土的水泥、骨料、掺合料、外加剂和水应遵守 SL 53—1994 第2章的有关规定。

14.9.2 模板和钢筋

（1）碾压混凝土应采用能适应快速施工和连续施工的模板，并需满足振动碾靠近模板时能正常碾压作业；采用预制混凝土模板作为建筑物内一部分时，应保证模板搭接部分与内部碾压混凝土紧密连接。

（2）钢筋应符合本章第14.4节的规定。加筋碾压混凝土的钢筋应铺设在距碾压混凝土层面_____cm处，该层面应作为缝面处理。

14.9.3 碾压混凝土施工

（1）碾压混凝土的配合比应遵守SL 53—1994第3章的有关规定。
（2）拌制碾压混凝土应遵守SL 53—1994第4.2节的有关规定。
（3）碾压混凝土运输应遵守SL 53—1994第4.3节的有关规定。
（4）碾压混凝土卸料和平仓应遵守SL 53—1994第4.4节的有关规定。
（5）碾压混凝土的碾压应遵守SL 53—1994第4.5节的有关规定。
（6）碾压混凝土层、缝面处理应遵守SL 53—1994第4.7节有关规定。
（7）碾压混凝土异种混凝土浇筑应遵守SL 53—1994第4.8节的规定。
（8）碾压混凝土的养护和防护应遵守SL 53—1994第4.9节的规定。
（9）碾压混凝土的埋设件施工，应遵守SL 53—1994第4.10节的有关规定。
（10）特殊气象条件下的施工，应遵守SL 53—1994第4.11节的规定。

14.9.4 质量检查和验收

（1）原材料的质量检查和验收

碾压混凝土原材料的检测项目和抽样次数应参照SL 53—1994表5.1.1的有关数据选定。

（2）碾压混凝土的拌制质量检验应遵守SL 53—1994表5.2节的规定。
（3）碾压混凝土现场质量检验和验收应遵守SL 53—1994第5.3节、第5.4节的规定。

14.9.5 完工验收

碾压混凝土建筑物全部完工后，承包人应向发包人申请完工验收，并提交以下完工资料：

（1）碾压混凝土建筑物的竣工图；
（2）碾压混凝土试验成果分析统计表；
（3）碾压混凝土工程建筑物的隐蔽工程及工程隐蔽部位的质量检查验收报告；
（4）碾压混凝土工程建筑物的永久观测设施的竣工资料及建筑物观测成果；
（5）碾压混凝土建筑物的缺陷修补和质量事故处理报告；
（6）监理人指示提交的其它完工资料。

14.10 泵送混凝土

14.10.1 一般要求

（1）泵送混凝土施工前，应将模板、钢筋等各项前工序验收合格后方可进行。
（2）泵送混凝土施工的供应遵守JGJ 10—1995第4章的规定；施工设备及管道的选择与布置应遵守JGJ/T 10—1995第5章的规定；混凝土的泵送与浇筑应遵守JGJ/T 10—1995第6章的规定；混凝土泵送施工的质量控制应遵守JGJ/T 10—1995第7章的有关规定。

(3) 泵送混凝土施工时的安全技术和劳动保护等要求必须符合国家有关规定。

14.10.2　泵送混凝土施工配合比

(1) 泵送混凝土的施工配合比,应符合《普通混凝土配合比设计规程》(JGJ 55—2000)、《混凝土结构工程施工质量验收规范》(GB 50204—2002)和《混凝土强度检验评定标准》(GBJ 107—87)的要求。

(2) 泵送混凝土施工的可泵性,可用压力泌水试验结合施工经验进行控制,一般 10s 时的相对压力泌水率 S_{10} 不宜超过 40%。

(3) 泵送混凝土的施工参数可参照《混凝土结构工程施工质量验收规范》(GB 50204—2002)的规定选用。

14.11　计量和支付

14.11.1　模板

(1) 除合同另有约定外,现浇混凝土的模板费用,包含在《工程量清单》相应混凝土或钢筋混凝土项目有效工程量的每立方米工程单价中,发包人不另行计量和支付。

(2) 混凝土预制构件模板所需费用,包含在《工程量清单》相应预制混凝土构件项目有效工程量的工程单价中,发包人不另行支付。

14.11.2　钢筋

按施工图纸所示钢筋强度等级、直径和长度计算的有效重量以吨为单位计量,由发包人按《工程量清单》相应项目有效工程量的每吨工程单价支付。施工架立筋、搭接、套筒连接、加工及安装过程中操作损耗等所需费用,均包含在《工程量清单》相应项目有效工程量的每吨工程单价中,发包人不另行支付。

14.11.3　普通混凝土

(1) 普通混凝土按施工图纸所示尺寸计算的有效体积以立方米为单位计量,由发包人按《工程量清单》相应项目有效工程量的每立方米工程单价支付。

(2) 混凝土有效工程量不扣除设计单体体积小于 $0.1m^3$ 的圆角或斜角,单体占用的空间体积小于 $0.1m^3$ 的钢筋和金属件,单体横截面积小于 $0.1m^2$ 的孔洞、排水管、预埋管和凹槽等所占的体积,按设计要求对上述孔洞回填的混凝土也不予计量。

(3) 不可预见地质原因超挖引起的超填工程量所发生的费用,由发包人按《工程量清单》相应项目或变更项目的每立方米工程单价支付。除此之外,同一承包人由于其他原因超挖引起的超填工程量和由此增加的其他工作所需的费用,均应包含在《工程量清单》相应项目有效工程量的每立方米工程单价中,发包人不另行支付。

(4) 混凝土在冲(凿)毛、拌和、运输和浇筑过程中的操作损耗,以及为临时性施工措施增加的附加混凝土量所需的费用,应包含在《工程量清单》相应项目有效工程量的每立方米工程单价中,发包人不另行支付。

(5) 施工过程中,承包人按本合同技术条款规定进行的各项混凝土试验所需的费用(不包括以总价形式支付的混凝土配合比试验费),均包含在《工程量清单》相应项目有效工程量的每立方米工程单价中,发包人不另行支付。

(6) 止水、止浆、伸缩缝等按施工图纸所示各种材料数量以米(或平方米)为单位计量,由发包人按《工程量清单》相应项目有效工程量的每米(或平方米)工程单价支付。

(7) 混凝土温度控制措施费（包括冷却水管埋设及通水冷却费用、混凝土收缩缝和冷却水管的灌浆费用，以及混凝土坝体的保温费用）包含在《工程量清单》相应混凝土项目有效工程量的每立方米工程单价中，发包人不另行支付。

(8) 混凝土坝体的接缝灌浆（接触灌浆），按设计图纸所示要求灌浆的混凝土施工缝（混凝土与基础、岸坡岩体的接触缝）的接缝面积以平方米为单位计量，由发包人按《工程量清单》相应项目有效工程量的每平方米工程单价支付。

(9) 混凝土坝体内预埋排水管所需的费用，应包含在《工程量清单》相应混凝土项目有效工程量的每立方米工程单价中，发包人不另行支付。

14.11.4　预制混凝土

(1) 预制混凝土构件的预制和安装，按施工图纸所示尺寸计算的有效体积以立方米为单位计量，由发包人按《工程量清单》相应项目有效工程量的每立方米工程单价支付。

(2) 预制混凝土的钢筋费用和模板费用，均包含在《工程量清单》相应预制混凝土预制项目有效工程量的工程单价中，发包人不另行支付。

(3) 除合同另有约定外承包人完成预制混凝土构件的吊装、运输、就位、固定、填缝灌浆、复检、焊接等工作所需的费用，包含在《工程量清单》相应预制混凝土安装项目有效工程量的每立方米工程单价中，发包人不另行支付。

14.11.5　预应力混凝土

(1) 预应力混凝土按施工图纸所示尺寸计算的有效体积以立方米为单位计量，由发包人按《工程量清单》相应项目有效工程量的每立方米工程单价支付。

(2) 预应力混凝土的锚索费用，包含在《工程量清单》相应预应力混凝土项目有效工程量的每立方米工程单价中，发包人不另行支付。

14.11.6　水下混凝土

水下混凝土按施工图纸所示浇筑范围内混凝土灌注前后的水下地形测量平、剖面图计算水下混凝土的有效体积以立方米为单位计量，由发包人按《工程量清单》相应项目有效工程量的每立方米工程单价支付。

14.11.7　碾压混凝土

(1) 碾压混凝土按施工图纸所示尺寸计算的有效体积以立方米为单位计量，由发包人按《工程量清单》相应项目有效工程量的每立方米工程单价支付。

(2) 碾压混凝土的模板费用包含在每立方米碾压混凝土工程单价中，发包人不另行支付。

(3) 碾压混凝土配合比试验和生产性碾压试验的费用由发包人按《工程量清单》相应项目的总价支付。

第15章 沥青混凝土工程

15.1 一般规定

15.1.1 应用范围

本章规定适用于本合同施工图纸所示的沥青混凝土防渗心墙和防渗面板工程的材料供应、贮存、配合比选定、混合料生产、试验,以及运输、摊铺、碾压等施工作业的实施。

15.1.2 承包人的责任

(1) 承包人应根据施工现场的气候条件、地基情况,按监理人批准采用的各种类型的粗细骨料和填料,负责沥青混凝土防渗结构的施工(包括沥青混凝土材料的储存、加热、拌和、保温、运输、铺筑、碾压、试验、模板、接缝与层面处理),以及质量检查与监测等工作。

(2) 承包人应负责在各种水位、外界温度、日照和可能遇到的自然气候条件下,保证工程的沥青混凝土性能稳定,不发生位移或滑动。

(3) 承包人应在沥青混凝土施工前,进行沥青混凝土的室内配合比试验、现场工艺性试验。需要时,应根据施工图纸要求,在永久建筑物上进行现场生产性试验。

(4) 承包人应根据国家的法律法规和本合同要求,制定沥青混凝土施工的劳动安全保护和防止环境污染措施,确保施工人员的健康和安全。

15.1.3 主要提交件

(1) 承包人应编制一份施工措施计划提交监理人批准,其内容包括:

1) 沥青混凝土施工的施工机械设备和试验室设备的配置、校准和维护;

2) 沥青混凝土材料、室内试验、现场工艺试验和现场生产性试验程序,以及沥青混凝土各项试验的分析成果,并根据沥青混凝土生产工序,提出不少于 2 种沥青货源点的沥青提炼分析报告;

3) 沥青混凝土材料贮存、混合料的生产、运输、铺筑、碾压和质量控制标准;

4) 施工质量和进度控制实施计划等。

(2) 施工记录报表。承包人应每周提交施工记录报表(施工第一个月,应增加提交频次),其内容包括:

1) 铺筑位置、工程量、铺筑起止时间和铺筑方法;

2) 施工配合比和原材料的取样试验成果;

3) 铺筑地点的气温、风速、湿度、降雨等气象条件;

4) 各种原材料温度、沥青混合料出机口温度、摊铺温度和碾压温度;

5) 铺筑厚度、压实厚度、碾压遍数、表面平整度、孔隙率测试成果以及沥青混凝土密度等;

6) 沥青混凝土冷缝处理情况及检验报告;

7) 沥青混凝土试件的试验成果及分析;

8）质量检查记录和质量事故处理记录；
9）监理人要求提交的其它资料。

15.1.4　引用标准
（1）规程规范：
1）《载荷试验》(SL 237—049—1999)；
2）《水工沥青混凝土试验规程》(DL/T 5362—2006)；
3）《水工碾压式沥青混凝土施工规范》(DL/T 5363—2006)；
4）国外进口沥青材料需要引用的国外技术标准和规程规范。

（2）沥青混凝土试验、生产和施工除应执行国家（或国外）标准中强制性规定外，还应执行供货合同指定的专用技术标准。

15.2　材料

15.2.1　碾压式沥青混凝土使用的沥青、骨料、填料、掺料和其它辅助材料，除应遵守 DL/T 5363—2006 第 5 章的有关规定外，还应执行供货合同中的有关规定。

15.2.2　材料样品提交和保存

（1）在沥青混凝土铺筑试验开始前至少＿＿＿＿天，承包人应向监理人提供不少于 2 个可能选用的沥青料源点样品，每个沥青料源点各取 40kg 沥青，供监理人试验核查。

（2）经监理人批准采用的各种类型的骨料、填料和沥青，由承包人各取 40kg 样品，留存在承包人工地试验室内，以供对比之用。沥青样品应保存到本工程所有工程通过验收为止。

（3）承包人应将施工中所用的材料样品，及其生产厂家的产品证书和物理性能报告，提交监理人批准后使用。任何被批准使用的材料样品均应在承包人的试验室保存。

15.2.3　沥青混合料的运输

沥青混合料的运输应遵守 DL/T 5363—2006 第 7.5 节的有关规定。

15.3　配合比的选择和试验

15.3.1　配合比选定

承包人应通过室内试验、现场工艺性试验和现场生产性试验，选定沥青混凝土防渗心墙和防渗面板的配合比及其施工工艺。各项试验应遵守 DL/T 5363—2006 第 6 章的有关规定。

15.3.2　室内试验

（1）室内试验验证沥青混凝土材料在加热前后是否满足施工图纸的规定，承包人应将试验技术指标的允许变化范围，以及沥青混凝土配合比和试验成果提交监理人批准。

（2）沥青混凝土室内试验的温度、加荷速度等试验条件，应根据当地气温、工程特点和运行条件等因素确定。

15.3.3　现场工艺性试验

（1）现场的工艺性试验开始前，承包人应将工艺性试验场地的布置设计和具体试验要求，提交监理人批准。

（2）通过现场工艺性试验验证：

1）室内试验选定的设计配合比是否能适应生产设备大批量生产的要求，检验其各项技

术指标是否符合施工图纸规定的技术要求;

2) 验证沥青混凝土施工工艺,包括混合料生产、沥青混凝土温度控制、各铺筑层摊铺方法、碾压遍数以及各类接缝的施工方法等;

3) 通过现场试验获取试样,进行沥青用量、骨料级配、渗透率、柔性、斜坡稳定性和防渗性能等的试验验证;

4) 使用校准的核子密度仪测试整平胶结层、防渗层以及钻取芯样的密度。

(3) 现场机械铺筑试验:

1) 铺筑试验场地的碎石垫层厚度至少为 500mm,碎石最大粒径为 80mm,表面平整;

2) 试验内容包括从生产、运输、铺筑压实至施工图纸所示的全过程。

(4) 机械铺筑的取芯样要求:

1) 芯样应从核子密度仪读取数据部位的中心钻取;

2) 对沥青混凝土面板的整平胶结层、防渗层等各层,应在不同部位分别钻取试样;

3) 沥青混凝土面板的防渗层和整平胶结层摊铺条带接缝处选取不同部位,分别钻取试样,如对热缝和冷缝应各钻取5个试样;

4) 对面板整体断面,在不同部位分别钻取10个试样,目测检查;

5) 钻取芯样留下的孔洞应经预热,用相同的各层材料填充击实。

(5) 配合比的变更

经室内试验选定的配合比,应尽快进行试验场工艺试验验证工作,若承包人需要变更配合比,应重新进行试验场工艺性配合比试验,并经监理人批准。

(6) 试验报告

现场工艺性试验结束后,承包人应及时向监理人提交现场工艺试验报告,其报告内容应包括:配合比设计、参数允许变化范围、所用试验配合比是否达到施工图纸中要求的防渗结构各层技术指标。

15.3.4 现场生产性试验

(1) 在发包人指定的永久工程含有水库库底和斜坡的完整工作面的永久工程部位进行沥青混凝土面板的现场生产性试验,其试验内容包括:

1) 检查用以承受整平胶结层的碎石垫层;

2) 摊铺和碾压整平胶结层;

3) 施工库底面与斜坡面之间曲面;

4) 摊铺和碾压防渗层;

5) 施工封闭层;

6) 横向和纵向冷缝及热缝的施工和处理。

(2) 通过生产性试验验证:

1) 验证沥青混凝土原材料的试验值;

2) 完成下卧层表面处理;

3) 使用摊铺机和振动碾铺筑整平胶结层和防渗层,应达到施工图纸要求的密度和孔隙率;

4) 检验相邻的沥青混凝土防渗层施工段之间的接缝,应达到不透水的要求;

5）建立拌和的温度与时间控制系统；

6）保证将热混合物从拌和厂（站）运输至摊铺机处，不使混合物变质，并在最低碾压温度时达到设计要求的密度；

7）承包人已掌握校验和使用核子密度仪测试防渗层的方法。

（3）生产性试验中的任何部位达不到施工图纸要求，应立即清除，并将废料弃置到指定地点。承包人应重新进行试验，直到监理人确认合格为止。

（4）生产性试验结束后，承包人应按监理人指示，将沥青混凝土材料贮存、拌和、运输、摊铺至碾压的施工工艺标准和操作规程，提交监理人批准后，方能进行沥青混凝土施工。

15.4 沥青混合料制备与运输

沥青混合料制备与运输应遵守 DL/T 5363—2006 第 7 章的有关规定。

15.5 沥青混凝土防渗面板铺筑

15.5.1 垫层施工
垫层施工应遵守 DL/T 5363—2006 第 8.2 节的有关规定。

15.5.2 沥青混合料的摊铺和碾压
沥青混合料的摊铺和碾压应遵守 DL/T 5363—2006 第 8.3 节、第 8.4 节的规定。

15.5.3 防渗层的摊铺
承包人应选择合适的摊铺工艺及其碾压设备，在保证防渗层质量的前提下，宜一次铺设完成。若经生产性试验一次性铺设碾压后的施工接缝和压实质量无法达到施工图纸的要求，经监理人批准，防渗层可采用两次或多次铺筑和压实，直至合格为止。

15.5.4 施工接缝与层间处理应遵守 DL/T 5363—2006 第 8.5 节的规定。

15.5.5 面板与刚性建筑物的连接应遵守 DL/T 5363—2006 第 8.6 节的规定。

15.5.6 封闭层施工应遵守 DL/T 5363—2006 第 8.7 节的有关规定。

15.5.7 沥青混合料施工气候条件的限制
（1）若无特殊保护措施，承包人不得在下列的气候条件下进行沥青混合料施工：

1）环境气温低于 5℃时；

2）浓雾或风速大于四级强风时；

3）遇雨或表面潮湿时；

4）防渗层需要夜间施工作业；

5）封闭层施工的环境气温低于 10℃。

（2）在摊铺防渗层过程中，遇有雨和雪，承包人应立即停止摊铺作业。

（3）已经离析或结成不可压碎的硬壳，团块以及低于规定铺筑温度铺筑的，或被雨水淋湿的沥青混合物，均应作为废料处理。

15.6 沥青混凝土心墙铺筑

（1）铺筑前的准备应遵守 DL/T 5363—2006 第 9.1 节的有关规定。

（2）模板制作和安装应遵守 DL/T 5363—2006 第 9.2 节的有关规定。

(3) 过渡料铺筑应遵守 DL/T 5363—2006 第 9.3 节的有关规定。

(4) 心墙沥青混合料的施工：

1) 心墙沥青混合料的摊铺、碾压、施工接缝及层面处理等应遵守 DL/T 5363—2006 第 9.4~9.6 节的规定。

2) 沥青混凝土心墙低温与雨季施工的要求：

①沥青混凝土心墙在 0℃ 以下施工时，应采取保温防冻措施，并需经监理人批准；

②碾压密实后的沥青混凝土心墙应略高于两侧过渡料，呈拱形层面以便利排水；

③两侧岸坡设置挡水埂，防止雨水流向施工部位；

④清除未经压实而受雨水浸入的沥青混合料；

⑤有度汛要求的沥青混凝土心墙坝施工时，其汛前施工高程应高于拦洪水位。

15.7　质量检查和验收

15.7.1　原材料检验

(1) 沥青混凝土原材料的检测项目和检测频率，应参照 DL/T 5363—2006 表 12.1.2 的数据确定。

(2) 承包人应进行沥青混凝土面板和心墙的各项材料检验，检验成果应提交监理人。

15.7.2　施工质量检查

承包人应会同监理人进行以下条款所列项目的质量检查，检查成果应提交监理人。

(1) 沥青混合料制备质量的检验与控制，应遵守 DL/T 5363—2006 第 12.2 节的规定。

(2) 沥青混凝土施工质量的检验与控制，应遵守 DL/T 5363—2006 第 12.3 节的规定。

(3) 对无损检测的不合格测点，应在该测点处钻取芯样进行复测，若复测的芯样测试值仍不合格时，应扩大钻芯检测范围，并分析施工资料，重新确定处理方案。

15.7.3　工程隐蔽部位的检查和验收

承包人应会同监理人进行以下沥青混凝土工程隐蔽部位的检查和验收。

(1) 沥青防渗设施与坝基、岸坡及刚性建筑物的结合面；

(2) 垫层或过渡层；

(3) 施工期间有蓄水要求时，蓄水位以下部位的沥青混凝土防渗设施；

(4) 防渗设施内部的观测埋设件；

(5) 其它隐蔽工程。

15.7.4　完工验收

沥青混凝土工程完工后，承包人应向监理人申请完工验收，并提交以下完工资料：

(1) 沥青混凝土面板和心墙工程竣工图；

(2) 质量检查和验收报告；

(3) 沥青混凝土工程各项试验成果；

(4) 质量缺陷修补和质量事故处理报告；

(5) 工程安全鉴定自检报告；

(6) 监理人要求提供的其它资料。

15.8　计量和支付

(1) 沥青混凝土面板（包括防渗层、整平胶结层、加厚层等）和沥青混凝土心墙按施工图纸所示尺寸计算的有效体积以立方米为单位计量,由发包人按《工程量清单》相应项目有效工程量的每立方米工程单价支付。

(2)沥青玛琋脂封闭层、塑性止水材料、加强网格(聚酯或聚乙烯树脂纤维网格)、沥青涂料等均按施工图纸所示尺寸计算的有效面积以平方米为单位计量,由发包人按《工程量清单》相应项目有效工程量的每平方米工程单价支付。

(3)承包人按合同要求完成沥青混凝土室内试验、现场试验和生产性试验所需的费用,由发包人按《工程量清单》相应项目的总价支付。

第16章 砌 体 工 程

16.1 一般规定

16.1.1 应用范围

本章规定适用于本合同施工图纸所示的各类砌体工程建筑物,其工程项目包括坝、厂房、引水渠道、永久生活建筑、道路、桥涵、挡墙、管道支墩、护坡和排水沟等建筑物的石砌体(包括浆砌石、干砌石砌体)工程,以及混凝土小砌块砌体和砖砌体工程。

16.1.2 承包人责任

(1)承包人应按本合同施工图纸、技术条款的规定和监理人的指示,负责砌体工程基础的场地清理、材料的加工制备、砌体工程的施工及质量检查和验收等工作。

(2)除合同另有约定外,承包人应负责提供本工程砌体工程的各种石材、胶结材料,以及砌体工程施工所需的人工、施工设备和辅助设施。

(3)承包人应负责砌体胶结材料及其配合比的试验和选择,以及砌筑工艺的选择。

16.1.3 主要提交件

(1)施工措施计划

承包人应在砌体工程开工前,将砌体工程施工措施计划提交监理人批准,其内容包括:
1)施工布置图及其说明;
2)砌体工程施工工艺和方法;
3)主要施工设备的配置;
4)质量控制和安全保证措施;
5)施工进度计划等。

(2)砌体材料试验报告

承包人应在砌体工程施工前,将各项材料试验成果、提交监理人,其内容包括:
1)砌体材料的强度等级试验;
2)胶结材料的强度及其配合比选择试验。

(3)质量检查记录和报表

砌体工程施工过程中,承包人应按监理人指示,提交以下施工质量检查记录和报表:
1)砌体材料和砌筑胶结材料的取样试验报告;
2)砌体工程基础的质量检查记录和报表;
3)砌体工程的砌筑质量检查记录和报表;
4)质量事故处理记录。

16.1.4 引用标准

(1)《烧结普通砖》(GB 5101—2003);
(2)《砌体工程施工质量验收规范》(GB 50203—2002);
(3)《烧结多孔砖》(GB 13544—2000);

(4)《浆砌石坝设计规范》(SL 25—2006)；
(5)《水利水电工程天然建筑材料勘察规程》(SL 251—2000)；
(6)《浆砌石坝施工技术规定》(SD 120—1984)；
(7)《普通混凝土用砂、石质量及检验方法标准》(JGJ 52—2006)；
(8)《混凝土用水标准》(JGJ 63—2006)；
(9)《混凝土小型空心砌块建筑技术规程》(JGJ/T 14—2004)；
(10)《多孔砖砌体结构技术规程》(JGJ/T 137—2001)；
(11)《砌筑砂浆配合比设计规程》(JGJ 98—2000)。

16.2 石砌体工程

16.2.1 材料

(1) 石料：
1) 一般石料应遵守 GB 50203—2002 第 7.1.1 条和第 7.1.2 条的规定；
2) 砌石坝石料（包括毛石、块石、粗料石）应遵守 SL 25—2006 第 3.1.1 条的规定。

(2) 胶凝材料：
1) 砌体采用的水泥品种和强度等级应遵守本合同技术条款第 14.2.1 条的规定；
2) 用于砌筑石砌体工程的砂浆和小骨料混凝土，其配合比应通过试验确定，配合比成果应提交监理人；拌制砂浆和小骨料混凝土的用水应遵守 JGJ 63—2006 的有关规定。

(3) 胶凝材料应采用机械拌制，局部少量的人工拌和料至少干拌三遍，再湿拌至色泽均匀后，方可使用；人工拌和时间应通过试拌确定。拌制过程中应保持粗、细骨料含水率的稳定性，根据骨料含水量的变化情况，随时调整用水量，以保证水灰比的准确性。

(4) 胶凝材料应随拌随用，胶凝材料的允许间歇时间应通过试验确定，在运输或贮存中发生离析、析水的胶凝材料，砌筑前应重新拌和，已初凝的胶凝材料不得使用。

16.2.2 浆砌石坝砌筑

(1) 浆砌石坝胶结材料采用的砂和砾石应遵守 SD 120—1984 第 2 章的规定。
(2) 浆砌石坝砌筑体与基岩的连接应遵守 SD 120—1984 第 4 章第 1 节的规定。
(3) 浆砌石坝的砌筑应遵守 SD 120—1984 第 4.2.4～4.2.9 条的规定，砌体应密实、无架空和漏浆情况。其砌体容重和空隙率的控制应遵守 SD 120—1984 第 4.2.21 条的规定。
(4) 浆砌石坝的混凝土防渗体施工应遵守 SD 120—1984 第 5.1.3～5.1.15 条的规定。
(5) 浆砌石坝的水泥砂浆勾缝防渗应遵守 GB 50203—2002 第 7.2 节和第 7.3 节的规定。

16.2.3 干砌石护坡砌筑

(1) 砌筑护坡的干砌石砌体，应在砂砾石垫层上，以层与层错缝锁结方式铺砌，砂砾垫层料的粒径不应大于 __50__ mm，含泥量应小于 __5__ %。垫层与干砌石应随铺随砌。
(2) 护坡表面砌缝的宽度不应大于 __25__ mm，砌石边缘应顺直、整齐牢固。
(3) 砌体外露面的坡顶和侧边，应选用较整齐的石块砌筑平整。

16.2.4 干砌石挡土墙砌筑

(1) 挡土墙基础底部应砌成 __1:5__ 的底坡，形成与受力方向相反的倾斜坡，挡墙的基础或底层应先用较大的精选石块铺垫。
(2) 石料应分层错缝砌筑，砌层应大致水平，但不得用小石块塞垫找平。

(3) 石块应铺砌稳定，相互锁结。

(4) 当砌体高度超过 6m 时，应沿砌体高度方向每隔 3～4m 设置厚度不小于 500mm 的水平肋带，并用不低于 M10 的水泥砂浆砌筑固牢。

16.2.5 砌体工程的质量检查

(1) 砌体工程砌筑前，承包人应会同监理人对砌筑体基础开挖面的测量放样成果和基础清理质量进行检查，检查记录应提交监理人。

(2) 用于石砌体工程的水泥、水、砂、胶凝材料和砌石等材料，应按监理人指示和本章第16.2.1条规定的质量要求进行检查，检查记录应提交监理人。

(3) 浆砌石砌体的容重和空隙率检查，应遵守 SD 120—1984 第 4.2.21 条第 3 款的规定。

(4) 有抗渗要求的部位应按监理人指示和施工图纸的要求确定的部位进行钻孔分段压水试验检查，检查结果应提交监理人。

(5) 浆砌石砌体的质量检查应遵守 GB 50203—2002 第 7 章的规定。

16.2.6 石砌体工程的完工验收

石砌体工程全部完工后，承包人应向监理人申请完工验收，并提交以下完工验收资料。

(1) 石砌体工程各项石材的现场试验和检测记录；

(2) 浆砌石砌体胶结材料配合比检查和试验检验记录；

(3) 石砌体工程建筑物开挖基面及基础垫层混凝土的质量检查和试验检验记录；

(4) 石砌体工程建筑物的结构允许偏差和附属结构物的质量检测和验收记录；

(5) 浆砌石坝容重（空隙率）和密实度（单位吸水率）的试验检验记录；

(6) 浆砌石坝结构允许偏差和附属结构物的质量检测和验收记录；

(7) 监理人要求提交的其它完工验收资料。

16.3 砖和小砌块砌体工程

砖和小砌块砌体工程砖实体墙、砖空斗墙及带钢筋混凝土构造柱的配筋砖砌体，以及普通小砌块砌体和带钢筋混凝土芯柱或构造柱的配筋小砌块砌体。

16.3.1 材料

(1) 砖：砖砌体工程采用的普通烧结砖分为粘土砖、页岩砖、煤矸石砖和粉煤灰砖。其外形尺寸应按 GB 13544—2000 的规定执行。

(2) 混凝土小型空心砌块（简称小砌块）：普通混凝土小型空心砌块以碎石或卵石为粗骨料制作；轻骨料混凝土空心砌块以浮石、火山渣、煤渣、自然煤矸石、陶粒等粗骨料制作。

(3) 砌筑砂浆：砌筑砂浆应遵守 GB 50203—2002 第 4 章的有关规定。

16.3.2 砖砌体施工

砖砌体施工应遵守 GB 50203—2002 第 4.2～4.6 节和第 5 章的有关规定。

16.3.3 小砌块砌体施工

(1) 小砌块砌筑应遵守 JGJ/T 14—2004 第 7.3 节和第 7.4 节的有关规定。

(2) 钢筋混凝土芯柱施工应遵守 JGJ/T 14—2004 第 7.5 节的有关规定。

(3) 钢筋混凝土构造柱施工应遵守 JGJ/T 14—2004 第 7.6 节的有关规定。

16.3.4 砖和小砌块砌体工程的质量检查和验收

（1）砖砌体的质量检查应按 GB 50203—2002 第 5 章的规定进行。

（2）混凝土小型空心砌块的质量检查应按 GB 50203—2002 第 6 章的有关规定进行。

16.3.5 完工验收

砖和小砌块砌体工程全部完工后，承包人应向监理人申请完工验收，并提交以下完工验收资料：

（1）砖和小砌块砌体工程各项材料的质量证明书、试验报告和现场检测报告。

（2）各项砌筑砂浆和混凝土配合比试验及其试块的检查检验记录。

（3）砌体基础面的检查验收记录。

（4）各项砌体建筑物及其细部结构尺寸和允许偏差以及外观的检查验收记录。

（5）监理人要求提交的其它完工资料。

16.4 计量和支付

（1）浆砌石、干砌石、混凝土预制块和砖砌体按施工图纸所示尺寸计算的有效砌筑体积以立方米为单位计量，由发包人按《工程量清单》相应项目有效工程量的每立方米工程单价支付。

（2）砌筑工程的砂浆、拉结筋、垫层、排水管、止水设施、伸缩缝、沉降缝及埋设件等费用，包含在《工程量清单》相应砌筑项目有效工程量的每立方米工程单价中，发包人不另行支付。

（3）承包人按合同要求完成砌体建筑物的基础清理和施工排水等工作所需的费用，包含在《工程量清单》相应砌筑项目有效工程量的每立方米工程单价中，发包人不另行支付。

第 17 章 疏浚和吹填工程

17.1 一般规定

17.1.1 应用范围

本章规定适用于本合同施工图纸所示的疏浚和吹填工程，主要包括治理江河、水库、港湾、湖泊、沟渠、基槽等采用挖泥船或水力冲挖机组施工的疏浚和吹填工程。

17.1.2 承包人的责任

（1）承包人应负责本合同疏浚和吹填工程的施工规划、设备配置和维修、疏浚和吹填施工、以及质量检查和验收的全部工作。并应负责提供为完成疏浚和吹填工程所需的人工、材料、设备和辅助设施。

（2）承包人应按本合同技术条款、施工图纸和监理人的指示，对河道开挖断面进行实地放样校测。校测中发现与施工图纸不符时，应会同监理人共同进行复测，复测成果作为疏浚和吹填工程计量的原始依据。

17.1.3 主要提交件

（1）施工措施计划

疏浚和吹填工程开工前＿＿＿＿天，承包人应按本合同技术条款、施工图纸和监理人指示，编制一份包括下列内容的施工措施计划，提交监理人批准。

1）疏浚和吹填工程的施工平面布置图；
2）疏浚设备的配置；
3）施工设备调遣计划；
4）疏浚和吹填工程施工方法及程序；
5）排泥区或排泥场布置设计；
6）疏浚和吹填工程的质量控制措施；
7）环境保护和安全保证措施；
8）施工进度计划。

（2）疏浚放样资料

在疏浚工程开工前，承包人应将实地放样的疏浚断面资料提交监理人。

17.1.4 引用标准

（1）《水利水电工程施工质量检验与评定规程》（SL 176—2007）；
（2）《水利水电工程钻探规程》（SL 291—2003）；
（3）《水利水电建设工程验收规程》（SL 223—2008）；
（4）《土工试验规程》（SL 237—1999）；
（5）《水利水电工程施工测量规范》（SL 52—1993）；
（6）《疏浚工程施工技术规范》（SL 17—1990）；
（7）《疏浚与吹填工程质量检验标准》（JTJ 324—2006）。

17.2 疏浚和吹填工程施工

17.2.1 疏浚和吹填工程施工条件的调查

承包人应在提交疏浚和吹填工程的施工措施计划前,对疏浚和吹填工程区的施工条件进行详细调查,并将调查资料提交监理人,调查内容包括:

(1) 船泊组装、停靠、避风、度汛和维修等条件。

(2) 航道、桥闸及其它建筑的标准,以及通航对疏浚和吹填施工的影响。

(3) 施工作业区内有无过江电力及通信线路和水底电缆管道、桥涵、闸坝、水下障碍物、水生植物、污染物、爆炸物等,查明这些设施和物体的具体细节及其所属管理单位。

(4) 陆上排泥场、水下卸泥区,以及取土和吹填区的设置条件,及其对当地经济的影响。

(5) 陆上排泥场泄水通道泄水对附近水域或设施可能产生的冲淤及污染影响。

17.2.2 疏浚和吹填工程施工措施

承包人应根据发包人提供的水文地质和工程设计资料,以及上述调查取得的施工条件资料,并按监理人批准的疏浚和吹填工程施工措施计划,进行疏浚和吹填工程区的场地布置,选定疏浚设备及其辅助设备和设施,以及疏浚和吹填设备的调遣计划、调遣线路和安全措施。

17.3 挖泥船疏浚

17.3.1 施工测量

开挖前,承包人应根据施工图纸进行实地放样,放样测站点的高程精度不得低于五等水准测量的精度要求。放样点的点位误差不应超过以下值:

(1) 疏浚开挖边线:水下 ±1.0 m,岸边 ±0.5 m。

(2) 挖槽中心线: ±1.0 m。

17.3.2 施工标志设立

开挖前应在河道设计中心线、开口线、开挖迄点、弯道顶点设立清晰的标志,包括标杆、浮标或灯标等。平直河段每隔 50~100 m 设一组横向标志,弯道处应适当加密。施工标志应符合下列各项规定:

(1) 在沿海、湖泊及开阔水域施工时,各组标志应从不同形状的标牌相间设置。同组标志上应安装颜色相同的单面发光灯,相邻组标志的灯光,应以不同的颜色区别;

(2) 水下卸泥区应设置浮标、灯标或岸标等标志,指示卸泥范围和卸泥顺序;

(3) 在挖泥区通往卸泥区、避风锚地的航道上应设置临时性航标,航行条件差的水道狭窄处,应在转向区增设转向标志;在船泊避风水域内应设置泊位标,并在岸上埋设带缆桩或水上系缆浮筒,以利船泊紧急停泊。

17.3.3 观测水尺设立

施工作业区内必须沿疏浚河段设立便于观测的水尺。水尺零点宜与挖槽设计底高程一致,并应满足以下要求:

(1) 水尺间距:当水面比降小于 1/10000 时,每 1 km 设置一组;当水面比降大于 1/10000 时,每 0.5 km 设置一组;

(2) 水尺应设置在便于观测、水流平稳、波浪影响小和不易被船艇碰撞的地方；

(3) 水尺应满足五等水准精度要求；

(4) 施工区远离水尺所在地，应在水尺附近设置水位读数标志，定时悬挂水位信号，或采用其它通信方式通报水位。

17.3.4 排泥管架设

(1) 排泥管线应平坦顺直，避免死弯。出泥管口伸出排泥场围堰坡脚外的距离不小于__5__m，并应高出排泥面__0.5__m以上。水下排泥区的管口应伸出排泥区标志线外__30__m，且应高出水面__0.5__m。

(2) 排泥管接头应紧固严密，整个管线和接头不得漏泥漏水。一旦发现泄漏，应及时修补或更换。

(3) 排泥管支架必须牢固，水陆排泥管连接应采用柔性接头。

(4) 排泥管的布置不得破坏既有公路、堤防等设施，必须穿越时，应报请监理人与有关管理部门协调解决。

(5) 承包人应采取措施确保水上航运和陆上交通。当浮式排泥管碍航时，承包人应采用潜管。潜管的架设和拆除期间的碍航问题，应由监理人会同承包人与交通部门协商解决。

(6) 潜管敷设前，必须对潜管进行加压试验，各处均无漏水、漏气时，方可敷设。

(7) 潜管的敷设和拆除应按 SL 17—1990 第 4.3.3 条的规定实施。

17.3.5 挖泥船施工

(1) 根据批准的施工措施计划选定船型，并按下列规定选择各类挖泥船的开挖方向：

1) 绞吸式挖泥船：当流速小于__0.5__m/s 时，采用顺流开挖，当流速不小于__0.5__m/s 时，采用逆流开挖；

2) 链斗式挖泥船采用逆流开挖；

3) 抓斗、铲扬式挖泥船采用顺流开挖。

(2) 挖泥船开挖应按 SL 17—1990 第 4.6.2～4.6.6 条的规定执行。开挖时应根据泥层厚度、挖槽宽度和机械能力，确定是否分层、分条开挖。分条开挖时，条与条之间应有重叠区，以免形成欠挖土埂。采用铰吸式挖泥船挖较硬的粘性土时，其一次切削厚度应通过试验确定。

(3) 在施工过程中，若发包人需要改变河道开挖断面时，应由监理人发出书面通知。

(4) 由承包人选定的、为进入施工区或任何其它目的而进行的开挖，应限定在监理人批准的范围内。

(5) 在疏浚期间，如疏浚河段存在发包人尚未拆除的老桥，则开挖施工应限制在该桥上、下游各__25__m范围外，对正在施工的新桥，其疏浚活动应远离新桥施工围堰__20__m外进行。直至发包人完成该桥的拆除或新建后，承包人方可进行该桥遗留河段的疏浚。

(6) 在已有建筑物（如桥、闸等）附近施工时，应采取措施，确保建筑物的安全。凡因施工原因造成的建筑物损坏，应由承包人承担全部责任。

(7) 当发现水下障碍物时，承包人应设置浮标和灯标标示其位置，并立即报告监理人。承包人应尽快清除水下障碍物，其施工方法须经监理人批准。

(8) 有环境保护要求的疏浚区，承包人应按监理人批准的环境保护措施执行。

(9) 疏浚土必须排放到施工图纸所示的排泥区或监理人指定的地点。

(10) 为形成河道设计边坡，疏浚时一般宜采取下超上欠、超欠基本平衡的阶梯开挖法，超、欠面积比应控制在 1~1.5 范围内，应避免出现边坡超挖或欠挖现象。若出现超欠挖时，应进行修整至监理人验收合格为止。对岸边附近有房屋、堤防等建筑物时，不允许有超挖现象；对有护砌要求的岸坡应采取有效措施严格按设计边坡进行开挖。

(11) 承包人应在施工过程中严格控制回淤。河道疏浚工程完工验收之前，在河道设计开挖范围内的回淤由承包人负责清除。

17.4 水力冲挖机组施工

(1) 开挖前，应按批准的施工措施计划要求，修筑围堤、断流、断航、分段截流，将河湖内积水排干，再布设水力冲挖机组。

(2) 水力冲挖机组所需电源应按批准的施工措施计划进行架设。电源与施工区距离应不小于 400 m，线路电压应为 380 V （±10%）。

(3) 电缆线路接头必须用防水胶带扎紧密，并全部架空，距地面高度不应低于 0.5 m，沿河湖边电缆线路距地面高度不得低于 2.5 m，较宽河面的过河电缆宜采用密封防水大型号电缆线。

(4) 开挖时根据开挖深度、挖槽宽度和机型，确定是否分层、分段开挖。一般开挖深度超过 2 m 时，应采取分层开挖措施，以防止塌坡。

(5) 宜采用逆向拉行冲挖的施工方法，使冲挖水流的方向与排水管的方向相反，可使冲挖过程中杂物滞留，便于人工检拾，并有效地防止杂物进入管道造成堵塞。

(6) 运距超过 500 m 的长距离输泥，可在沿途设立接力池或接力泵站，通过管道多次接力，输泥至指定地点。

17.5 排泥区及吹填施工

17.5.1 排泥场施工

(1) 承包人应按本章第 17.1.3 条的要求提交详细的排泥场布置和排泥场占地计划，发包人应在排泥场工程开工前＿＿＿＿＿天，提交向承包人提交排泥场施工用地。

(2) 承包人应负责设计、施工以及维护陆上排泥场的围堰、隔埂、排水渠及截水沟、泄水口及其防冲设施。

(3) 承包人在施工中不允许造成水下弃泥区附近区域的河槽、航道、码头、水工建筑物等设施的淤积。排泥场布置必须满足挖泥机械的性能要求，其容积应与挖方量相适应。

(4) 承包人应根据环境保护要求对排泥区排泥程序进行合理安排，将污染严重的土排在底层，污染较轻的土排在上层，再在其上覆盖无污染的土。

17.5.2 排泥场围堰及隔埂施工

(1) 承包人的围堰设计应经监理人批准后方能进行填筑。应确保施工中的围堰稳定。

(2) 围堰的取土和填筑应满足 SL 17—1990 第 6.1.1~6.1.6 条的规定，使用的土料应经监理人批准。筑堰前，应将堰基上的杂草、树根、腐殖土层等清除干净，将表土翻松，并予压实。围堰填筑须分层压实，筑堰过程中的堰顶填筑高差应小于 15 cm。

(3) 在吹填区内取土填筑围堰时，其取土坑不得连续贯通，以防止泥浆串流冲刷堰基。

(4) 对于长度较大的排泥场，每隔 400~500 m 加筑中间隔埂，隔埂应交叉布置，以防泥浆串流冲刷堰基。隔埝顶高程应与吹填高程一致。

（5）利用现有堤防作为围堰的一部分堰体时，围堰不得占用堤防顶宽，并不得因设置排泥场而损坏堤防，一旦堤防受损，承包人应立即修复至监理人同意为止。

17.5.3 排泥场泄水口施工

（1）泄水口必须满足排泥区退水需要，每个排泥区的泄水口不少于两个。

（2）泄水口应设置排水通道，当吹填区附近无排水通道时，泄水口应设置在利于开挖排水渠的部位。

（3）为减少吹填区的泥沙流失，泄水口排出水流的泥浆浓度应控制在挖泥船设计泥浆浓度的 __10__ %以内；当吹填土有特殊要求时，应按监理人指示控制排出水流的泥浆浓度。

（4）应防止泄水口的泄流冲刷附近的山坡、田地和建筑物，必要时应加设防冲设施。

17.5.4 排水渠与截水沟

（1）在地下水位高的地区设置排泥场，承包人必须确保周边农田不产生次生盐碱化。

（2）承包人应在排泥场区周边，平行于围堰外边线 __6__ m处开挖截水（渗）沟，其断面应满足截留围堰渗水的需要，并保持边坡稳定。

（3）排水渠的尺寸应满足排水要求，引导水流排入附近水域的排水渠应有一定坡降，其出口水流应不淤积航道、不影响相邻建筑物和不污染水源为原则。

（4）完工验收前，承包人应负责清除所有排水渠的淤泥，并按本技术条款第4章的规定和监理人指示进行环境恢复。

17.5.5 吹填施工

（1）吹填施工应防止细颗粒土聚集成泥囊和水塘，吹泥区的泥面应高出水面 __2~3__ m以上，以利排水。在超软地基上分层吹填时，第一层吹填高度应高出水面 __1__ m，其后按 __1m__ 高度逐层加高。吹填细颗粒土时，应设置两个以上的排泥区，轮流吹填。

（2）吹填施工应根据造地和加固堤防等要求吹填。吹填土表面平整度应满足以下要求：细颗粒土为 __0.5~1.2m__ ，粗颗粒土为 __0.8~1.6m__ 。吹填平整度达不到要求时，应配备陆上土方机械加以平整。吹填区的平均高程误差应在 __+0.15~+0.20m__ 范围内。

17.6 质量检查和验收

17.6.1 河道疏浚断面的测量检查

河道疏浚过程中，承包人应会同监理人，按施工图纸指定的疏浚断面，定期测量河道的开挖深度和宽度，测量结果应达到以下标准：

（1）河道开挖断面宽度，每边计算超宽及最大允许超宽值应符合 SL 17—1990 表 7.4.1-1 规定。挖槽深度，计算超深及最大允许超深值应符合 SL 17—1990 表 7.4.1-2 规定。

（2）河道的欠挖极限值小于设计水深的 __5__ %，且不大于 __0.3__ m；横向浅埂长度小于挖槽设计底宽的 __5__ %，且不大于 __2__ m；纵向浅埂长度小于 __2.5__ m。

17.6.2 河道疏浚和吹填工程的检查和验收

（1）疏浚及吹填工程的检查和验收应遵守 SL 223—2008 的规定。

（2）验收测量可在疏浚工程全部完工后一次进行，对于工期较长或自然回淤严重的河段应分期、分段验收。验收测量应按 SL 52—1993 第 11 章的规定执行。已经进行了分期分段验收的河道，应在当时由监理人签认验收资料，经监理人确认后，承包人不再为已进行分期分段验收后的河道回淤承担责任。

(3) 单项疏浚和吹填工程完工后,承包人应对挖槽进行全面的水深测量,对超过允许欠挖值的欠挖部位进行返工处理。

(4) 自检合格后,承包人应及时向监理人申请进行单项工程验收。经监理人检查认为质量不合格时,应按监理人要求进行返工。

17.6.3 疏浚和吹填工程的完工验收

疏浚和吹填工程全部完工后,承包人应向发包人和监理人申请完工验收,并按以下的规定提交完工资料:

(1) 疏浚工程竣工图;
(2) 完工的测绘断面资料;
(3) 疏浚施工记录;
(4) 质量检查报告;
(5) 监理人要求提交的其它完工资料。

17.7 计量和支付

(1) 疏浚工程按施工图纸所示轮廓尺寸计算的水下有效自然方体积以立方米为单位计量,由发包人按《工程量清单》相应项目有效工程量的每立方米工程单价支付。

(2) 疏浚工程施工过程中疏浚设计断面以外增加的超挖量、施工期自然回淤量、开工展布与收工集合、避险与防干扰措施、排泥管安拆移动以及使用辅助船只等所需的费用,包含在《工程量清单》相应项目有效工程量的每立方米工程单价中,发包人不另行支付。疏浚工程的辅助措施(如浚前扫床和障碍物的清除、排泥区围堰、隔埂、退水口及排水渠等项目)另行计量支付。

(3) 吹填工程按施工图纸所示尺寸计算的有效吹填体积(扣除吹填区围堰、隔埂等的体积)以立方米为单位计量,由发包人按《工程量清单》相应项目有效工程量的每立方米工程单价支付。

(4) 吹填工程施工过程中吹填土体的沉陷量、原地基因上部吹填荷载而产生的沉降量和泥沙流失量、对吹填区平整度要求较高的工程配备的陆上土方机械等所需费用,包含在《工程量清单》相应项目有效工程量的每立方米工程单价中,发包人不另行支付。吹填工程的辅助措施(如浚前扫床和障碍物的清除、排泥区围堰、隔埂、退水口及排水渠等项目)另行计量支付。

(5) 利用疏浚排泥进行吹填的工程,疏浚和吹填的计量和支付分界根据合同相关条款的具体约定执行。

第 18 章 屋面和地面建筑工程

18.1 一般规定

18.1.1 应用范围

本章规定适用于本合同施工图纸所示的屋面建筑工程和地面建筑工程。根据水利水电工程的需要，屋面建筑工程列入了钢筋混凝土屋面的防水和保温、隔热工程。地面建筑工程编入了地基基层铺设和楼层地面铺设。

18.1.2 承包人责任

（1）承包人应按本技术条款第18.1.1条规定的范围，及本章施工技术要求，完成施工图纸所示的屋面建筑工程和地面建筑工程。

（2）除合同另有约定外，承包人应负责提供上述工程所需的全部建筑材料，并按本合同技术条款的规定进行试验、检验和验收。承包人应对其采购的建筑材料质量承担全部责任。

18.1.3 主要提交件

（1）承包人应在屋面工程（或地面工程）施工前，将屋面工程（或地面工程）的施工措施计划提交监理人批准，其内容包括：

1) 屋面工程或地面工程的施工程序和方法；
2) 主要施工设备的配置；
3) 施工质量控制和安全保证措施；
4) 施工进度计划。

（2）承包人应编制屋面工程的各项现场工艺试验报告，提交监理人批准。其内容包括：

1) 各种防水卷材的铺贴工艺试验和防水涂膜现场施涂工艺试验；
2) 防水卷材及其胶粘材料、防水涂膜材料和基层处理剂等的材料相容性试验；
3) 接缝密封防水及其背衬材料的性能与施工工艺试验；
4) 补偿收缩混凝土屋面的混凝土浇筑工艺及其防水性能试验；
5) 钢纤维混凝土屋面的混凝土浇筑工艺及其防水性能试验；
6) 屋面保温层现喷硬质聚氨酯泡沫塑料的施工工艺试验。

18.1.4 引用标准

（1）《屋面工程技术规范》（GB 50345—2004）；
（2）《屋面工程质量验收规范》（GB 50207—2002）；
（3）《建筑地面工程施工质量验收规范》（GB 50209—2002）；
（4）《建筑地基基础工程施工质量验收规范》（GB 50202—2002）；
（5）《建筑用卵石、碎石》（GB/T 14685—2001）；
（6）《建筑用砂》（GB/T 14684—2001）。

18.2 屋面建筑工程

18.2.1 一般要求

（1）本工程各类厂房和辅助房屋建筑的屋面防水和保温、隔热工程的类型包括：

1）卷材和涂膜防水屋面；
2）刚性防水屋面；
3）屋面结构的防水密封；
4）屋面的保温和隔热。

（2）屋面建筑工程采用的材料应按施工图纸要求和 GB 50345—2004 第 4.3 节的规定选用，进场材料应有质量证明文件及性能检测报告。

（3）屋面建筑工程的施工条件及环境温度控制应符合下列规定：

1）屋面建筑材料采用合成高分子防水卷材时，工程严禁在雨天、雪天，以及五级风及其以上的气候条件下施工；

2）屋面防水卷材、防水涂膜、防水密封材料和保温隔热材料的施工环境气温均应在 _5~35℃_ 之间，环境气温高出 _35℃_ 时不应施工；当环境气温度低于 _5℃_ 时，应严格按产品说明书的要求进行施工。

18.2.2 卷材、涂膜防水屋面

（1）材料：

1）防水卷材及其胶粘材料的外观质量和物理性应遵守 GB 50345—2004 第 5.2.1~5.2.3 条的规定；其胶粘剂的粘结剥离强度应遵守 GB 50345—2004 第 5.2.5 和 5.2.9 条的规定；

2）防水涂料及胎体增强材料的质量应遵守 GB 50345—2004 表 6.2.1~表 6.2.4 的规定。

（2）找平层施工

屋面防水层和保温、隔热层的基层应根据施工图纸要求设置找平层，其施工要求应符合施工图纸的要求，并遵守 GB 50345—2004 第 5.1.2 条的规定与参照表 5.1.3 的数据确定。

（3）卷材、涂膜防水层施工：

1）卷材防水层施工应遵守 GB 50345—2004 第 5.1.8~5.1.11 条的规定；涂膜防水层施工应遵守 GB 50345—2004 第 6.5~6.7 节的规定；

2）卷材、涂膜防水层应根据施工图纸要求涂刷基层处理剂，基层处理剂应根据本章第 18.1.3 条 2 款规定的材料相容性试验选定，试验成果应提交监理人；基层处理剂的涂刷应遵守 GB 50345—2004 第 5.1.4 条、第 5.1.5 条的规定。卷材或涂膜防水层的施工作业应在基层处理剂干燥后立即进行；

3）承包人应通过现场试验选择防水卷材的施工方法。防水卷材铺贴可比较选用冷粘法、自粘法或热粘法，防水涂膜涂刷可比较选用刮涂法或喷涂法；

4）卷材、涂膜防水层施工前，应按施工图纸要求和监理人指示，完成被覆盖部位的密封材料嵌填和屋面结构缝及细部构造处的卷材或涂膜附加层的铺设；

5）在已完工的卷材、涂膜防水层上面未作保护层前，不得在其上面进行其它施工作业或直接堆放物品。

（4）屋面保护层施工

各种防水卷材保护层的施工应符合 GB 50345—2004 第 5.5.6 条和第 5.6.7 条的规定；各种防水涂膜保护层的施工应遵守 GB 50345—2004 第 6.3.5 条、第 6.5.5 条、第 6.6.5 条和第 6.7.5 条的规定。

18.2.3 刚性防水屋面

刚性防水屋面包括普通细石混凝土防水屋面、补偿收缩混凝土防水屋面和钢纤维混凝土防水屋面。

（1）材料：

1）刚性防水屋面使用的水泥、钢筋、粗细骨料应遵守 GB 50345—2004 第 7.2 节的规定；钢纤维应遵守 GB 50345—2004 第 7.7.3 条的规定；

2）补偿收缩混凝土使用的膨胀剂，应按施工图纸的要求通过工艺试验选用。

（2）刚性防水层施工：

1）刚性混凝土找平层施工应遵守本章第 18.2.2 条的规定；各种刚性防水屋面的施工应遵守 GB 50345—2004 第 7.5～7.7 节的规定；

2）在刚性防水层混凝土浇筑前应完成被浇筑混凝土覆盖部位的密封材料嵌填；在浇筑后应完成刚性防水层分隔缝、屋面与垂直墙体留缝和其它缝隙的密封材料嵌填。防水层分隔缝嵌填密封材料后，应加设保护层；

3）根据施工图纸要求完成屋面结构缝及其它细部构造处的卷材或涂膜保护层的铺设后，按本章第 18.2.4 条规定做好收头和密封。

18.2.4 屋面结构的防水密封

本节规定适用于卷材、涂膜防水屋面及刚性防水屋面的结构缝及细部构造处的防水密封处理。其范围包括屋面找平层分格缝、刚性防水层分格缝、屋面结构变形缝等。

（1）防水密封材料：

1）防水密封材料的物理性能应遵守 GB 50345—2004 第 8.2 节的规定；

2）防水密封材料的配比应通过工艺试验选定；工艺试验成果应提交监理人。

（2）防水密封结构的施工：

1）接缝处的密封材料底部应根据施工图纸要求设置背衬材料。承包人应通过工艺试验选择耐热性好、与密封材料不粘结或粘结力弱的背衬材料，工艺试验成果应提交监理人；

2）平接屋面结构变形缝内应按施工图纸要求填充弹性材料，其上部填放衬垫材料后用卷材封盖；刚性防水层和变形缝两侧墙体交接处，应按施工图纸要求嵌填防水密封材料；

3）高低屋面结构变形缝缝内除填充弹性材料外，应按施工图纸要求，在高墙面固定盖缝卷材处用密封材料封严；

4）屋面细部构造的防水密封处理应遵守 GB 50345—2004 第 8.4 节的规定。

18.2.5 屋面的保温和隔热

列入本节的钢筋混凝土屋面保温和隔热层的类型，包括板状材料保温层屋面、整体现喷保温层屋面，以及架空隔热屋面。

（1）材料：

1）板状保温材料应参照 GB 50345—2004 表 9.2.1 的数据选定；

2）板状保温材料胶粘剂，应按本章第 18.1.3 条 2 款的规定进行工艺试验，选择与板状保温材料材质相容、粘结性好的胶粘剂。其工艺试验成果应提交监理人；

3）现喷硬质聚氨酯泡沫塑料的质量应遵守 GB 50345—2004 第 9.2.2 条的规定；

4) 预制钢筋混凝土架空隔热板的强度等级、外观尺寸应符合施工图纸规定；质量要求及抽样检验数量，应遵守 GB 50204—2002 第 9 章的有关规定。

(2) 保温、隔热层施工：

1) 保温、隔热层的细部构造应遵守 GB 50345—2004 第 9.4 节的规定；
2) 板状材料保温层施工应遵守 GB 50345—2004 第 9.5.1 条的规定；
3) 整体现喷保温层施工应遵守 GB 50345—2004 第 9.5.2 条的规定；
4) 架空隔热层施工应遵守 GB 50345—2004 第 9.6 节的规定。

18.2.6　质量检查和验收

(1) 材料的质量检查和验收

承包人应按 GB 50345—2004 的规定，对到货的各类卷材、涂料和防水密封等材料进行抽样检查和检验；每批材料的抽样检验均应由承包人按规定的格式编制材料抽样检验报告，提交监理人。

(2) 工程隐蔽部位的检查和验收

每项工程隐蔽部位施工完毕后，应按监理人指示进行检查和验收。承包人应编制的隐蔽工程验收报告，提交监理人。其内容包括：

1) 各工程隐蔽部位的质量检查和验收记录；
2) 重大缺陷和质量事故处理报告；
3) 监理人要求提交的其它验收资料。

18.2.7　完工验收

屋面建筑工程全部完工后，承包人应向监理人申请对屋面建筑工程完工验收，并提交以下完工验收资料：

(1) 屋面工程布置总图、施工图和相关的技术文件。
(2) 各项材料的检验和复验报告及其质量合格证件和使用说明书。
(3) 各项施工工艺试验报告及相关的图纸和资料。
(4) 各工程隐蔽部位的质量检查和验收报告。
(5) 监理人要求提供的其它完工资料。

18.3　地面建筑工程

18.3.1　一般要求

(1) 地面建筑工程采用的材料应按施工图纸的要求和 GB 50209—2002 有关的规定选用；进场材料应有质量合格证明文件及性能检测报告。

(2) 地面建筑工程的各层施工环境温度应遵守 GB 50209—2002 第 3.0.9 条的规定。

(3) 地面建筑工程基层（各构造层）和面层的铺设，均应在其下一层检验合格后进行。建筑地面工程各层铺设前与设备管道安装等工程之间，应进行交接验收。

18.3.2　基层铺设

基层铺设包括基土、垫层、找平层、隔离层和填充层等的基层铺设。

(1) 基土铺设：

1) 基土铺设前，其下层表面应清理干净；当垫层、找平层内埋设暗管时，管道应按施工图纸要求予以稳固；

2）基土铺设的材料质量、密实度和强度等级（或配合比）等应符合施工图纸要求和GB 50209—2002第4.1.2条的有关规定；

3）承包人应按施工图纸的要求，将其表面的土层置换为填筑和夯实后的均匀基础土层，填土质量要达到以下要求：

①严禁用腐殖土、冻土、耕植土、膨胀土和含有大于8%的有机物质土作为填土；

②填土应分层压（夯）实，填土质量应遵守GB 50202—2002的有关规定；

③填土土料应取最优含水量，对重要工程或大面积的地面填土前，应取土样，并采用土工击实试验确定其最优含水量与相应的最大干密度。

(2) 垫层铺设：

1）灰土垫层应遵守符合GB 50209—2002第4.3.1～4.3.4条的规定；

2）砂垫层和砂石垫层应遵守GB 50209—2002第4.4节的规定，并参照表4.1.5的数据确定；

3）碎石垫层和碎砖垫层应遵守GB 50209—2002第4.5节的规定；

4）三合土垫层应遵守GB 50209—2002第4.6节的规定；

5）水泥混凝土垫层应遵守GB 50209—2002第4.8节的规定。

(3) 找平层铺设：

1）找平层应采用水泥砂浆或水泥混凝土铺设，其采用的石料粒径应遵守GB 50209—2002第4.9.6条的规定；水泥砂浆体积比或水泥混凝土强度等级应遵守GB 50209—2002第4.9.7条的规定；

2）有防水要求的建筑地面，铺设前必须对立管、套管和地漏与楼板节点之间进行密封处理；排水坡度应符合施工图纸要求；

3）预制钢筋混凝土板上铺设找平层应遵守GB 50209—2002第4.9.4条、第4.9.5条的规定。

(4) 隔离层施工应遵守符合GB 50209—2002第4.10节的规定。

(5) 填充层施工应遵守GB 50209—2002第4.11节的规定。

18.3.3　整体面层铺设

整体面层铺设包括水泥混凝土（含细石混凝土）面层、水泥砂浆面层、水磨石面层、防油渗面层和不发火（防爆）混凝土面层等的整体面层。其各项施工技术要求如下：

(1) 整体面层的水泥类基层抗压强度应遵守GB 50209—2002第5.1.2条的规定。

(2) 整体面层施工后的养护时间应遵守GB 50209—2002第5.1.4条的规定。

(3) 整体面层的抹平工作应在水泥初凝前完成，压光工作应在水泥终凝前完成。

(4) 水泥混凝土面层的施工应遵守GB 50209—2002第5.2节的规定。

(5) 水泥砂浆面层的施工应遵守GB 50209—2002第5.3节的规定。

(6) 水磨石面层的施工应遵守GB 50209—2002第5.4节的规定。

(7) 防油渗面层的施工应遵守GB 50209—2002第5.6节的规定。

(8) 不发火（防爆）混凝土面层应遵守GB 50209—2002第5.7节的规定。

18.3.4　地面工程细部构造

(1) 埋设件：

1）地面工程的埋设件应按施工图纸和本技术条款第22章的规定执行；

2）埋设有管道和地漏的楼面和地面，当其有防水要求时，应在埋设的立管、套管和地漏穿过楼板或地面的节点间，按施工图纸要求进行封堵；

3）在有强烈机械作用下的面层和面层的分格条、以及面层与管沟、孔洞、检查井和管沟变形缝相邻处均应按施工图纸要求埋设镶边角铁等构件。

（2）变形缝：

1）地面工程的伸缩缝、沉降缝和防震缝等变形缝应按施工图纸的要求施工；

2）变形缝应贯通各层楼地面，变形缝的填充材料应按施工图纸的要求配置，并应满足防火、防水、防虫害和防油渗的要求；

3）不同垫层厚度的交界处应按施工图纸的要求设置变形缝，缝内应填充弹性材料；

4）防冻胀层地面的混凝土垫层，其纵、横向缩缝均应采用平头缝。

18.3.5 质量检查和验收

（1）材料的质量检查和验收

承包人应会同监理人对地面工程的各项材料进行质量检查、检验和验收，检查和检验成果应提交监理人。

（2）地面工程的质量检查和验收：

1）各层地面和楼面的坡度、厚度、标高、平整度和厚度，以及各填筑层的强度和密实度偏差等应符合施工图纸和本章技术条款的要求；

2）各层地面、楼面及各填筑层的平面偏差应遵守 GB 50209—2002 的有关规定；

3）楼地面的面层与基层应结合良好，不得有空鼓、裂纹、麻面、起砂等现象；

4）变形缝的位置、尺寸、缝隙值以及材料的填缝质量均应符合本技术条款第 18.3.4 条的规定。

（3）工程隐蔽部位的质量检查和验收

每项工程隐蔽部位施工完毕后，应按监理人指示进行检查和验收，承包人应编制隐蔽工程验收报告，经与监理人共同签字后作为隐蔽工程验收资料。

（4）完工验收

地面建筑工程全部完工后，承包人应向监理人申请完工验收，并提交以下完工验收资料：

1）地面建筑工程布置总图和相关的技术文件；

2）各项材料的检验和复验报告及其质量合格证件和使用说明书；

3）各项施工工艺试验报告；

4）各工程隐蔽部位的质量检查和验收报告；

5）监理人要求提供的其它完工资料。

18.4 计量和支付

18.4.1 屋面建筑工程

（1）屋面建筑工程以施工图纸所示建筑物尺寸计算的有效面积以平方米为单位计量，由发包人按《工程量清单》相应项目有效工程量的每平方米工程单价支付。

（2）完成屋面建筑工程全部施工作业后的质量检查、检验和验收等所需费用，包含在屋面建筑工程的每平方米工程单价中，发包人不另行支付。

18.4.2 地面建筑工程

（1）地面和楼面工程按施工图纸所示建筑物尺寸计算的有效面积以平方米为单位计量，由发包人按《工程量清单》相应项目有效工程量的每平方米工程单价支付。

（2）完成地面和楼面建筑工程全部施工作业后的质量检查、检验和验收等所需费用，包含在《工程量清单》相应项目有效工程量的每平方米工程单价中，发包人不另行支付。

第 19 章 压力钢管制造和安装

19.1 一般规定

19.1.1 应用范围

本章规定适用于本合同施工图纸所示的压力钢管的直管、弯管、渐变管、岔管和支管及其附件的制造和安装。

19.1.2 承包人责任

(1) 除合同另有约定外，承包人应负责采购本工程钢管制造和安装所需的全部材料，并按本章第 19.2 节的规定，进行检验和验收。

(2) 承包人应按本章第 19.3~19.10 节的规定，进行钢管卷制、焊接、试验、运输、安装、涂装、灌浆以及质量检查和验收的全部工作。

(3) 按合同约定，由其它承包人承担的水轮机进水管（阀）与压力钢管的对接安装段时，承包人应负责提供该压力钢管段的材料特性，以及壁厚与焊接工艺要求。

19.1.3 主要提交件

(1) 钢管制造安装措施计划

承包人应在钢管工程施工前，应将钢管制造和安装措施计划，提交监理人批准，其内容包括：

1) 钢管加工车间布置；
2) 钢管材料采购计划；
3) 钢管制造、安装、焊接、涂装工艺设计；
4) 钢管运输和安装措施；
5) 钢管接触灌浆施工方法；
6) 质量和安全保证措施；
7) 施工进度计划；
8) 监理人要求提交的其它资料。

(2) 车间加工图

承包人应在钢管加工制造前，按监理人提供的压力钢管施工图纸，绘制钢管车间加工图，提交监理人批准。

(3) 钢管水压试验措施计划

承包人应按本章第 19.5.1 条的规定，编制钢管水压试验措施计划，提交监理人批准，并按本章第 19.5.4 条的规定，将试验成果报告提交监理人。

19.1.4 引用标准

(1)《低合金高强度结构钢》(GB/T 1591—2008)；
(2)《压力容器用钢板》(GB 6654—1996)；
(3)《热轧钢板和钢带的尺寸、外形、重量及允许偏差》(GB/T 709—2006)；

(4)《金属熔化焊焊接接头射线照相》(GB 3323—2005);

(5)《无损检测人员资格鉴定与认证》(GB/T 9445—2005);

(6)《厚钢板超声波检验方法》(GB/T 2970—2004);

(7)《压力容器用调质高强钢》(GB 19189—2003);

(8)《钢焊缝手工超声波探伤方法和探伤结果分级》(GB 11345—1989);

(9)《气焊、电弧焊及气体保护焊焊缝坡口的基本型式与尺寸》(GB 985—1988);

(10)《埋弧焊焊缝坡口的基本型式与尺寸》(GB 986—1988);

(11)《涂装前钢材表面锈蚀等级和除锈等级》(GB 8923—1988);

(12)《优质碳素结构钢》(GB/T 699—1999);

(13)《碳素结构钢》(GB/T 700—2006);

(14)《厚度方向性能钢板》(GB 5313—1985);

(15)《水利工程压力钢管制造安装及验收规范》(SL 432—2008);

(16)《水工金属结构防腐蚀规范》(SL 105—2007);

(17)《水利水电工程金属结构与机电设备安装安全技术规程》(SL 400—2007);

(18)《水工金属结构焊工考试规则》(SL 35—1992);

(19)《水工金属结构焊接通用技术条件》(SL 36—2006);

(20)《无损检测 焊缝磁粉无损检测》(JB/T 6061—2007);

(21)《无损检测 焊缝渗透无损检测》(JB/T 6062—2007)。

19.2 材料

压力钢管用各种钢材、焊接材料应按 SL 432—2008 第 3.4 节和第 3.5 节的规定选用。承包人应向监理人提交产品质量证明书等技术文件。每批材料应由承包人会同监理人进行入库验收。承包人应按监理人指示进行抽样检验,对钢板标号不清或对材质有疑问时应予复验,检验成果应提交监理人。

19.3 钢管制造

19.3.1 直管、弯管和渐变管制造

(1) 钢板划线、切割和坡口加工:

1) 钢板划线及标记应遵守 SL 432—2008 第 4.1.1~4.1.7 条的规定;

2) 钢板下料前的超声波检测应遵守 SL 432—2008 表 2 的规定;

3) 钢板下料和焊接坡口的加工应遵守 SL 432—2008 第 4.1.10 条的规定;

4) 切割质量和尺寸偏差、切割面修磨、补焊区及其周边 20mm 内进行无损检测的要求,应遵守 SL 432—2008 第 4.1.11 条的规定;

5) 钢板加工后坡口的极限偏差应遵守 GB 985—1988、GB 986—1988 和施工图纸规定;坡口加工完毕后,应立即涂刷无毒、无害、且不影响焊接性能和焊接质量的坡口防锈涂料;

6) 高强钢板上严禁锯、锉及用钢印作记号,不得在卷板外侧表面打标记、冲眼。

(2) 卷板

钢管管节的钢板卷板,应遵守 SL 432—2008 第 4.1.12 条和第 4.1.13 条的规定。

(3) 钢管管节组装或组焊:

1) 钢管管节组焊应遵守本章第19.4.3条的规定；

2) 钢管管节成型后的检查，应遵守SL 432—2008第4.1.13～4.1.21条的规定；

3) 在钢管管节上加焊和拆除卡具、吊耳等附加物时，应注意不伤及母材，以及保证起吊时不损伤钢管和产生过大的局部应力。对后序工作无不良影响的附加物可不拆除。

19.3.2 岔管制造

（1）承包人应根据本章第19.1.3条的规定提交岔管车间加工图。

（2）岔管钢板的分块、划线、切割和坡口要求应遵守本章第19.3.1条的规定。

（3）岔管钢板的卷板应遵守本章第19.3.1条的规定。球形岔管球壳的压制成型，应按监理人批准的方法进行。

（4）岔管组装或组焊：

1) 岔管组焊应遵守本章第19.4.3条的规定；

2) 岔管应在车间内进行整体组装或组焊。组装或组焊后的各项尺寸应分别符合SL 432—2008第4.2.2条和第4.2.4条的规定；

3) 球形岔管的球壳板曲率及几何尺寸的极限偏差应遵守SL 432—2008第4.2.3条的规定；

4) 岔管组焊后若需进行消应处理，应在车间内进行。若岔管尺寸大于运输界限，应在车间内按结构要求组装成允许的最大部件，再分件运至现场进行总组装；

5) 加强梁系（三梁岔的U形梁和腰梁、月牙岔的月牙肋、球岔的环形梁等）本身的连接焊缝及与之相邻管壁间的组合焊缝，必须在车间内完成，若因故不能在车间内完成时，现场施焊的工艺、方法等须经监理人批准；

6) 组装后岔管腰线转折角偏差应不大于2°。

19.3.3 附件制造

（1）伸缩节：

1) 伸缩节的划线、切割、坡口加工和卷板应遵守本章第19.3.1条的规定。波纹管式伸缩节应与制造厂家协商确定；

2) 伸缩节组焊应遵守本章第19.4.3条的规定；

3) 套筒式伸缩节内、外套管和止水压环制作成型后的直径、弧度、间隙和行程等的极限偏差，应遵守SL 432—2008第4.2.5～4.2.7条、第4.2.10条的规定；

4) 套筒式伸缩节的止水盘根应根据施工图纸的要求选用；

5) 套筒式伸缩节内套管外壁和外套管内壁的纵缝应磨平，使其与钢管表面同高，盘根滑动范围不得布置横向焊缝；

6) 波纹管伸缩节的制造和试验应遵守SL 432—2008第4.2.8条和第4.2.9条的规定；

7) 伸缩节装配、运输应遵守SL 432—2008第4.2.11条的规定。

（2）明管支座：

1) 明管支座的制造应符合施工图纸的要求和遵守本章第19.3.1条和第19.4.3条的规定；

2) 滚动、滑动和摇摆支座，应保证组装后各部件不得妨碍支座行动；

3) 鞍形支座的弧形承压板允许制造误差与钢管相同。预组装时，应校正其圆度。安排管节时，应在支座滑动区内错开环缝及纵缝；

4）支座应在车间内进行预组装。

（3）加劲环、支承环、止推环和阻水环：

1）加劲环、支承环、止推环和阻水环的制造应遵守本章第19.3.1条和第19.4.3条的规定；

2）上述各环的对接焊缝应与钢管纵缝错开200mm以上。加劲环、支承环与钢管管壁间的组合焊缝应按施工图纸要求进行。阻水环与管壁间的组合焊缝应为连续焊缝；

3）加劲环、支承环、止推环和阻水环的内圈弧度间隙，应参照SL 432—2008表4的数据选定。加劲环、支承环、止推环和阻水环与钢管外壁的局部间隙，不应大于3mm；

4）钢管的加劲环、止推环和支承环组装的垂直度极限偏差，应参照SL 432—2008表9的数据选定；

5）在加劲环、支承环、止推环与钢管的连接焊缝和钢管纵缝交叉处，应在加劲环、支承环和止推环内弧侧钻设半径25～50mm的避缝孔。

（4）水压试验闷头：

1）水压试验用的临时闷头由承包人负责设计和制造。承包人应在闷头制造前，将闷头的布置图、计算书和车间加工图提交监理人批准；

2）闷头上应设置进人孔、排气孔、进水孔、排水孔和测试仪表的安装孔等。

19.4 焊接

19.4.1 焊工和无损检测人员资格

（1）焊工应经SL 35考试，并取得焊工合格证书，才能从事与其证书相适应的焊接工作。

（2）从事压力钢管质量检测的无损检测人员，其相应的资质应符合SL 432—2008第6.4.2条的规定。焊缝质量评定应由持Ⅱ级或Ⅱ级以上资格证书的无损检测人员担任。

19.4.2 焊接工艺评定报告和焊接工艺规程

承包人应按SL 432—2008第6.1节的规定，编制焊接工艺评定报告和焊接工艺规程提交监理人批准。

19.4.3 生产性施焊

（1）焊缝分类应遵守SL 432—2008第6.3.1条的规定。

（2）焊接材料的选用、焊接环境、焊接烘焙和保管应遵守SL 432—2008第6.3.3条、第6.3.4条和第6.3.6条的规定。

（3）焊前清理：所有拟焊面及坡口两侧各10～20mm范围内的氧化皮、铁锈、油污及其它杂物应清除干净，每一焊道焊完后也应及时清理，检查合格后才能继续施焊。

（4）定位焊：采用已批准的焊接工艺规程进行组装和定位焊。定位焊应遵守SL 432—2008第6.3.8条的规定。

（5）装配校正：装配中的错边应采用卡具校正，不得用锤击或其它有损钢板的器具校正。

（6）预热：按工艺要求需要预热的焊件，应按SL 432—2008第6.3.10～6.3.15条的规定进行。监理人有权对某些焊接部位提出特殊的预热要求，承包人应遵照执行。

（7）焊接：除应遵守SL 432—2008第6.3节和SL 36—2006第6章的规定外，压力钢管的焊接工艺还应满足：

　　1) 为尽量减少变形和收缩应力，应在施焊前选定定位焊焊点和焊接顺序。从构件受周围约束较大的部位开始焊接，向约束较小的部位推进；

　　2) 双面焊接时（设有垫板者例外），在其单侧焊接后应进行清根并打磨干净，再继续焊另一面。对需预热后焊接的钢板，应在清根前预热。若采用单面焊缝双面成型，应提出相应的焊接措施，并经监理人批准；

　　3) 每条焊缝应一次连续焊完，当因故中断焊接时，应采取防裂措施。

　(8) 产品焊接试板：（标准抗拉强度大于540N/mm^2）：

　　1) 管壁纵缝、加强构件（包括支承环及岔管的肋和梁）的对接焊缝应作产品焊接试板；

　　2) 相同板厚的纵焊，每100m焊缝长作一块产品焊接试板，且每种板厚不少于两块。试板尺寸及试验项目与焊接工艺评定的规定相同；

　　3) 试板须在纵缝的延长部位与钢管纵缝同时施焊，试板的厚度和焊接工艺须与管壁相同，可以延长试板长度而不设助焊板。

　(9) 后热：后热要求应通过焊接工艺评定确定，并应遵守SL 36—2006第7章的规定。

19.4.4　焊缝质量检验

　(1) 焊缝外观质量检查应遵守SL 432—2008表16的规定。

　(2) 焊缝质量检验所用的无损检测方法，应遵守SL 432—2008第6.4.3～6.4.10条的规定。

19.4.5　焊缝缺陷处理

　(1) 承包人应根据焊缝质量检验确定的焊缝缺陷，提出缺陷返修的部位和返修措施，经监理人同意后，由承包人进行返修，直至监理人认为合格为止。返修后的焊缝，仍应按本章第19.4.4条规定的焊缝质量进行复验。返修和复验记录应提交监理人。

　(2) 同一部位返修次数：碳素钢和低合金钢不宜超过两次、高强钢不宜超过一次，否则应制订可靠的技术措施，提交监理人批准。

19.4.6　焊后消应处理

　施工图纸要求进行焊后消应处理的钢管，应按SL 432—2008第7章的规定进行。消应处理数据应提交监理人。

19.5　水压试验

19.5.1　水压试验措施计划

　需要进行水压试验的钢管和岔管，承包人应在试验前，编制水压试验措施计划，提交监理人批准。试验内容应包括水压试验工作段范围、试验场地布置、试验设备、检测方法、循环次数、测点布置、试验程序和安全措施等。

19.5.2　水压试验的工作分段

　(1) 明管水压试验的分段长度和试验压力应按施工图纸的规定执行。

　(2) 岔管应在制造厂作整体水压试验。对大型岔管需要在现场组装时，经监理人批准可在现场进行试验。

19.5.3　试验方法

　(1) 水压试验的压力、试验程序和方法，以及现场试验结束后的处理措施应按SL

432—2008 第 9 章及施工图纸的规定执行。

（2）监理人认为有需要时，承包人应在试验工件上设置应变量测仪器，并及时将记录提交监理人。

19.5.4 试验成果报告

试验结束后，承包人应向监理人提交水压试验成果报告，包括试验过程、测试成果、发生的异常情况及其处理措施，以及评价意见等。

19.6 钢管运输

（1）承包人应根据钢管各项运输部件的不同情况，制定详细的运输措施，其内容包括采用的吊装和运输设备、大件运输方法以及防止钢管变形的加固措施等。

（2）运输成型的管节时，可在管节内加设内支撑。管节运输时，应将钢管安放在鞍形支座或加垫木梁上，以保护管节及其坡口免遭破坏。

（3）钢索捆扎吊运钢管或瓦片时，应将钢索与钢管或瓦片接触部位加设软垫，避免在吊运和运输过程中损坏涂层。

19.7 钢管现场安装

19.7.1 一般要求

（1）用于测量高程、里程和安装轴线基准点等安装控制点，均应明显、牢固和便于使用。

（2）压力钢管制造、安装及验收所用的测量器具应遵守 SL 432—2008 第 3.6 节的规定。

19.7.2 安装偏差

（1）钢管的直管、弯管和岔管，以及伸缩节等附件与施工图纸规定的轴线平行度误差不应大于 0.2%。

（2）钢管安装中心和管口圆度偏差应遵守 SL 432—2008 第 5.2.1 条和第 5.2.3 条的规定。

（3）钢管始装节的里程偏差应遵守 SL 432—2008 第 5.2.2 条的规定。

（4）明管支座的安装偏差应遵守 SL 432—2008 第 5.3.1～5.3.3 条的规定。

（5）波纹管伸缩节的焊接、安装应遵守 SL 432—2008 第 5.3.6～5.3.7 条的规定。

（6）在焊接两镇墩间的最后一道合拢焊缝时，应解除伸缩节的约束。

19.7.3 现场安装焊接

（1）在现场焊接钢管环缝前，应校测钢管位置和管口圆度，若发现其安装偏差超过规定时，应及时纠正，并经监理人检查认可后，才准施焊。

（2）定位焊后应尽快焊接安装环缝，每条焊缝应连续完成，不得中断。

（3）安装环缝应由两名或两名以上焊工，按同向对称进行焊接。

19.7.4 观测仪器埋设

钢管安装时，应同时埋设观测仪器，观测仪器支座的焊接应遵守 SL 432—2008 第 6.3.9 条的规定。

19.7.5 质量检验和缺陷处理

承包人应按本章第 19.4.4 条的规定对全部现场安装焊缝进行检验，并按本章第 19.4.5

条的规定进行缺陷处理。钢管安装的质量检验和缺陷处理记录应提交监理人。

19.8 涂装

19.8.1 涂装工艺措施报告

承包人应在涂装作业前，编制钢管涂装工艺措施报告，提交监理人批准。涂装工艺措施应详细说明各种涂装材料的施涂方法、使用设备、质量检验和涂装缺陷修补措施。

19.8.2 涂装施工

（1）钢材表面涂装前，应将钢材表面的焊渣、毛刺、油脂等污物应清除干净。

（2）当钢管内壁及明管外壁采用涂料或金属喷涂时，其表面清洁度和表面粗糙度应达到SL 105—2007 第 3.3 节的规定。

（3）涂装施工前，承包人应根据施工图纸和涂料生产厂的要求进行工艺试验，试验过程应有涂料生产厂的人员负责指导，并与专业人员共同进行检验。检验结果应提交监理人。

（4）组焊后的管节、岔管及附件（除安装焊缝外），应在车间内完成涂装；现场安装焊缝及表面涂装损坏部位，则在现场进行涂装。

（5）涂料涂装：

1）钢管内壁和明管外壁应涂刷自养护的底漆和面漆；

2）涂料应按施工图纸的要求选择，并应遵守 SL 105—2007 第 4.2 节的规定；

3）涂料涂装施工方法和程序以及对环境的要求应遵守 SL 105—2007 第 4.3 节的规定；

4）涂料涂装后，埋管应在外壁均匀涂刷一层水泥浆，涂后注意养护。

（6）金属热喷涂：

1）金属热喷涂材料应按施工图纸的要求选择，并应遵守 SL 105—2007 第 5.2 节的规定；

2）金属热喷涂涂层厚度及配套涂料的选定应遵守 SL 105—2007 第 5.3 节的规定；

3）金属热喷涂施工应遵守 SL 105—2007 第 5.4 节的有关规定。

19.8.3 涂装质量检验

（1）涂料涂层质量检验应遵守 SL 105—2007 第 4.4 节的规定；若监理人检查发现流挂、皱纹、针孔、裂纹、鼓泡等现象时应及时进行处理，直至监理人认为合格为止。

（2）金属热喷涂质量检验应遵守 SL 105—2007 第 5.5 节的规定；金属热喷涂复合保护涂层的质量检验应遵守 SL 105—2007 第 5.6 节的规定。

（3）涂装结束后，应将钢管涂装的质量检验成果提交监理人。

19.9 地下钢管接触灌浆

19.9.1 灌浆孔

（1）制造钢管时，应按施工图纸所示的孔位和结构要求预留灌浆孔。必要时应在钢管外壁加焊补强板。补强板应设有内螺纹，出厂时应在内螺纹上抹油防锈，并加旋孔塞保护螺纹。

（2）在现场灌浆过程中，若需要在已埋设的钢管上加钻灌浆孔，应经监理人批准。

19.9.2 灌浆材料

（1）水泥、水：接触灌浆采用的水泥、水应遵守本技术条款第 10.2.2 条和第 10.2.3 条的规定。若施工图纸规定需采用细水泥浆液灌浆时，应通过试验选用干磨水泥、湿磨水泥或超细水泥。

（2）外加剂：根据钢管接触灌浆工艺的需要选用速凝剂、减水剂等外加剂，其掺量应通过试验确定。试验成果应提交监理人。

19.9.3　接触灌浆施工

（1）灌浆设备的选用应遵守本技术条款第 10.3 节的规定。

（2）接触灌浆的制浆应遵守本技术条款第 10.7 节的规定。

（3）钢管平洞的回填灌浆和固结灌浆结束后，应堵塞混凝土中的灌浆孔，不得有渗水进入，然后进行接触灌浆。

（4）接触灌浆前，采用稍高于灌浆压力的水（其压力不高于钢管抗外压的安全压力），挤开补强板与混凝土间的缝隙。

（5）接触灌浆应采用循环灌浆法。浆液水灰比（重量比）根据试验确定，起灌水灰比可采用（1～0.45）：1。在规定的灌浆压力下，最大浓度浆液停止吸浆 5min 后可停灌。

（6）承包人应在灌浆孔旁设置变位计，观测钢管变位，防止管壁失稳。灌浆过程中，承包人应随班记录孔位、配比、吸浆量和钢管变形等，灌浆记录应及时提交监理人。

（7）接触灌浆后，应清除灌浆孔杂物，封焊灌浆孔，磨平余高及飞溅物残迹，补喷金属涂层或补刷涂料。堵头封堵及焊缝质量检验应遵守 SL 432—2008 第 6.4.10 条的规定。

19.9.4　接触灌浆质量检查

接触灌浆结束 3～7 天后，由承包人会同监理人用锤击法进行灌浆质量的检查，其脱空范围和程度应满足施工图纸的要求。不合格的部位应由承包人继续进行补灌处理至监理人认为合格为止。

19.10　质量检查和验收

19.10.1　钢管材料的检查和验收

钢管制造和安装所需的材料均应按本章第 19.2 节的规定进行检验和验收。

19.10.2　钢管制造质量检查和验收

钢管管节和附件全部制成后，承包人应向监理人提交钢管管节和附件的验收申请报告，并提交以下各项验收资料：

（1）钢管管节和附件清单；

（2）钢材、焊接材料、外购连接件和涂装材料的质量证明书、使用说明书或试验报告；

（3）焊接工艺评定报告和焊接工艺规程；

（4）焊缝质量检验成果；

（5）缺陷修整和焊缝缺陷处理记录；

（6）钢管管节和附件的尺寸及偏差检查记录；

（7）涂装质量检验记录；

（8）监理人要求提交的其它验收资料。

19.10.3　钢管安装质量检查和验收

（1）承包人应会同监理人对各管段及部件的定位准确性、支撑牢固性等以及每条现场焊缝进行逐条检查、验收。验收记录应提交监理人。

(2) 钢管的现场涂装结束后，承包人应会同监理人对钢管的涂装质量进行检查和验收，不合格的涂装面应进行返修和重新检验，直至监理人认为合格为止。验收记录应提交监理人。

19.10.4 完工验收

钢管工程全部完工后，承包人应向监理人提交工程验收申请报告，并附以下完工资料：
(1) 钢管竣工图；
(2) 各项材料和外购连接件的出厂质量证明和使用说明书；
(3) 钢管制造、安装的质量检查报告；
(4) 钢管一类、二类焊缝焊接工作档案卡（包括焊工名册和代号）；
(5) 水压试验成果；
(6) 重大缺陷处理报告；
(7) 钢管接触灌浆质量检查报告；
(8) 监理人要求提供的其它完工资料。

19.11 计量和支付

19.11.1 钢管

(1) 压力钢管（含岔管和伸缩节）及其附件的制造、运输和安装，按施工图纸所示尺寸计算的有效重量以吨为单位计量，由发包人按《工程量清单》相应项目有效工程量的每吨工程单价支付。

(2) 压力钢管（含岔管和伸缩节）水压试验、涂装等所需费用，包含在《工程量清单》相应项目有效工程量的每吨工程单价中，发包人不另行支付。

19.11.2 钢管接触灌浆

钢管接触灌浆按施工图纸所示尺寸计算（钢管外缘周长乘以接触灌浆钢板衬砌段长度）的有效接触面积以平方米为单位计量，由发包人按《工程量清单》相应项目有效工程量的每平方米工程单价支付。

第 20 章 钢结构的制作和安装

20.1 一般规定

20.1.1 应用范围

本章规定适用于本合同施工图纸所示的厂房及附属建筑物的钢结构制作和安装。

20.1.2 承包人责任

（1）承包人应按合同约定，负责采购钢结构工程所需的钢材、压型金属板、外购件、焊接材料和涂装材料等，并按本章第 20.2 节的规定进行材料检验和验收。

（2）承包人应负责本工程全部钢结构的制作、安装、维护和缺陷修复等工作。

（3）若合同约定，发包人将单项钢结构工程委托承包人进行专项总承包，则承包人应承担该项钢结构工程的设计、制造和安装的全部责任。

20.1.3 主要提交件

（1）钢结构工程施工措施计划

承包人应在钢结构制作前，编制钢结构工程施工措施计划，提交监理人批准。其内容应包括：

1）制作和安装场地的布置及说明；
2）钢结构制作安装方法和工序设计；
3）大型钢构件的运输和吊装方案；
4）钢结构制作安装的质量控制和安全保证措施；
5）钢结构制作安装进度计划；
6）监理人要求提交的其它资料。

（2）钢结构材料采购计划承包人应按合同进度计划的要求，在钢结构材料（包括外购件），编制材料采购计划，提交监理人批准。

（3）钢结构工程的设计文件和图纸。

若发包人拟将单项钢结构工程交由承包人负责专项总承包时，则承包人应在该单项钢结构工程施工前，将钢结构工程的设计文件和图纸，提交监理人批准，其内容包括：

1）钢结构工程结构布置总图；
2）钢结构工程结构布置详图、各节点、连接缝大样图；
3）与其它构筑物连接详图、预埋件详图；
4）钢结构设计说明书，包括应力分析成果及其计算软件；
5）材料和外购件合格证；
6）发包人要求提交的其它资料。

20.1.4 引用标准

（1）《金属熔化焊焊接接头射线照相》(GB/T 3223—2005)；
（2）《钢结构防火涂料通用技术条件》(GB 14907—2002)；

(3)《冷弯薄壁型钢结构技术规范》(GB 50018—2002);
(4)《钢结构工程施工质量验收规范》(GB 50205—2001);
(5)《建筑构件耐火试验方法》(GB 9978—1999);
(6)《钢焊缝手工超声波探伤方法和探伤结果分级》(GB 11345—1989);
(7)《涂装前钢材表面锈蚀等级和除锈等级》(GB 8923—1988);
(8)《固定式钢直梯》(GB 4053.1—1993);
(9)《固定式钢斜梯》(GB 4053.2—1993);
(10)《固定式防腐栏杆》(GB 4053.3—1993);
(11)《固定式钢平台》(GB 4053.4—1993);
(12)《无损检测 焊缝磁粉检测》(JB/T 6061—2007);
(13)《无损检测 焊缝渗透检测》(JB/T 6062—2007);
(14)《钢结构超声波探伤及质量分级法》(JG/T 203—2007);
(15)《建筑钢结构焊接技术规程》(JGJ 81—2002);
(16)《钢网架检验及验收标准》(JG 12—1999);
(17)《焊接 H 型钢》(YB 3301—2005);
(18)《建筑钢结构防火技术规范》(CECS 200:2006);
(19)《钢结构防火涂料应用技术规程》(CECS 24:1990)。

20.2 材料和外购件

(1) 材料和外购件运至目的地后,应由承包人会同监理人进行检验验收。每批到货的材料和外购件应附有合格证、使用说明书及材质检验报告等。材料和外购件的检验应符合 GB 50205—2001 第 4 章的规定,检验验收记录应提交监理人。

(2) 按合同约定,对有特殊要求的材质需要进行复验,其复验成果应提交监理人。

20.3 钢构件制作和组装

20.3.1 一般技术要求

(1) 钢构件制作和组装前,承包人应按施工图纸的要求,绘制钢构件加工详图。在钢构件制作过程中,承包人需要对构件进行局部修改时,应经监理人批准。

(2) 承包人应编制各工种的工艺规程。必要时,应进行主要工种的工艺试验,工艺试验的成果提交监理人。

(3) 钢构件制作和组装的检验应遵守 GB 50205—2001 第 5~8 章的规定。

20.3.2 零部件加工

钢零件和部件的切割、矫正和成型、边缘加工、制孔等工序要求应符合 GB 50205—2001 第 7.2~7.4 条和第 7.6 节的规定。

20.3.3 专业厂家提供的外购钢构件

(1) 承包人应在外购钢构件采购前,将订货技术要求提交专业厂家。接货时,应查验专业厂家的产品合格证及检验报告,并提交监理人。

(2) 钢网架外购件的检验及验收应遵守 JG 12—1999 的规定;H 型钢外购件的检验及验收应遵守 YB 3301—2005 的规定。

20.3.4 焊接

(1) 焊接工艺评定报告和焊接工艺规程：

1) 在钢结构制作和安装前，承包人应按 JGJ 81—2002 第 5.1.1 条和第 5.2 节的规定进行焊接工艺评定，并编制焊接工艺评定报告，提交监理人批准；

2) 承包人应按焊接工艺评定成果和 JGJ 81—2002 第 6.1.5 条的规定，编制焊接工艺规程，提交监理人批准。

(2) 焊工

焊工应持有上岗合格证。合格证应注明证件有效期和焊工施焊范围。

(3) 焊接工艺：

1) 焊接材料的选配应遵守施工图纸及 JGJ 81—2002 表 6.1.3-1～表 6.1.3-3 的规定；

2) 焊接作业环境应遵守 JGJ 81—2002 第 6.1.6 条的规定；

3) 焊接材料应按产品使用说明书及 JGJ 81—2002 第 6.1.2 条的规定储存；

4) 焊接使用引弧板、引出板和垫板应遵守 JGJ 81—2002 第 6.1.7 条的规定；

5) 多层焊时应连续施焊，并应遵守 JGJ 81—2002 第 6.1.9 条的规定；

6) 定位焊应由持相应合格证的焊工施焊，并应遵守 JGJ 81—2002 第 6.1.8 条的规定；

7) 对需要预热及后热的焊缝，其预热及后热温度应遵守 JGJ 81—2002 第 6.2 节的规定；

8) 焊接工作完毕后，应清理焊缝表面，在焊缝部位旁打上焊工工号钢印；

9) 焊后消应处理的标准应遵守 JGJ 81—2002 第 6.5 节的规定。

(4) 焊缝质量检验：

1) 焊缝抽样检查合格率应遵守 JGJ 81—2002 第 7.1.5 条的规定；

2) 焊缝外观检查应遵守 JGJ 81—2002 第 7.2 节的规定；

3) 无损检测人员须持有国家专业部门签发的二级或二级以上的无损检测资格证书；

4) 表面检测应按 JB/T 6061—2007 及 JB/T 6062—2007 的规定采用磁粉探伤或渗透探伤；

5) 采用超声波探伤的全焊透焊缝的检测应遵守 JGJ 81—2002 第 7.3.3 条的规定；

6) 采用超声波探伤的焊接球节点和螺栓球节点焊缝，其缺陷分级应遵守 JG/T 203—2007 的规定；

7) 箱形构件隔板电渣焊焊缝、圆管 T、K、Y 节点焊缝，其超声波探伤方法及缺陷分级应遵守 JGJ 81—2002 第 7.3.6 条和第 7.3.7 条的规定；

8) 按合同要求须作射线探伤时，其射线探伤应遵守 JGJ 81—2002 第 7.3.9 条的规定；

9) 上述无损检测记录应及时提交监理人。监理人有权指示承包人对可疑部位，增加探伤比例和抽查每个焊工的焊缝；

10) 焊缝质量检验全部完成后，承包人应将焊缝质量检验报告，提交监理人。

(5) 焊缝缺陷处理

经监理人检查确认的焊缝缺陷，应由承包人负责按 JGJ 81—2002 第 6.6 节的规定进行返修，返修后的缺陷部位仍需经监理人检查。当同一部位的返修次数超过两次时，应重新制定新的返修措施，提交监理人批准。

20.3.5 组装

（1）钢构件组装前，应进行零、部件的检验，并作好记录，检验合格后才能投入组装。

（2）构件组装过程中，应按批准的工艺装配。当有隐蔽焊缝时，必须先行施焊，并经检验合格后才可覆盖。

（3）安装焊缝坡口的允许偏差应遵守 GB 50202—2001 表 8.4.2 的规定。焊接连接制作组装的允许偏差应参照 GB 50205—2001 附录 C 表 C.0.2 的数据确定。

（4）H 型钢的组装应遵守 GB 50202—2001 第 8.2 节的规定。

（5）顶紧接触面的检查应遵守 GB 50202—2001 第 8.3.3 条的规定。

（6）钢桁架结构杆件轴线交点错位的允许偏差应遵守 GB 50202—2001 第 8.3.4 条的规定。

（7）钢构件端部铣平的允许偏差应遵守 GB 50205—2001 第 8.4.1 条的规定。

（8）钢构件组装的外形尺寸允许偏差应遵守 GB 50205—2001 第 8.5 节的规定。

（9）钢构件组装的检验记录应提交监理人。

20.3.6 涂装

（1）一般要求：

1）大型钢构件的涂装应由承包人编制施涂工艺报告，提交监理人批准。工艺报告的内容应包括涂装工艺试验、工艺流程、涂装设备配置、质量标准和检验方法、缺陷修补，以及防火、防爆、防毒等安全措施和环保措施等。

2）构件涂装时的环境温度应控制在 5～38℃；相对湿度应小于 85%。构件表面不应有结露，涂装后 4 小时内不得淋雨和日光暴晒。

3）涂装完成后，应由专业检验人员检查，并及时对涂装缺陷进行修补。

（2）防腐涂料涂装：

1）涂装防腐涂料前，其钢材表面的除锈质量应参照 GB 50205—2001 表 14.2.1 的要求确定。钢材表面处理后应及时涂刷防腐涂料，以免再度生锈；

2）防腐涂料的涂装遍数、涂层厚度应遵守 GB 50205—2001 第 14.2.2 条的规定；

3）当钢结构处在有腐蚀介质环境或外露，且施工图纸有要求时，应进行涂层附着力测试，当涂层检验范围的完整程度达到 70% 以上时，证明涂层附着力达到合格标准。

（3）防火涂料涂装：

1）防火涂料的涂装应由经培训合格的专业操作人员施工，并应持有消防部门批准的防火涂料施工准许证；

2）防火涂料应有国家质量检测机构对产品的耐火极限检测报告和理化、力学性能的检测报告，还应有消防监督部门颁发的消防产品生产许可证和产品合格证；

3）钢构件表面应先完成除锈及防腐底漆的涂装，并经监理人验收合格后，才可进行防火涂料涂装；

4）防火涂料的选用应符合施工图纸要求，施工质量控制及检验方法应遵守 CECS 200：2006、GB 14907—2002、CECS 24：1990 及 GB 9978—1999 的有关规定；

5）薄涂型、厚涂型防火涂料的涂层要求，应遵守 GB 50205—2001 第 14.3.3 条的规定；

6）防火涂料涂层应闭合，无脱层、空鼓、明显凹陷和乳突、粉化松散和浮浆等缺陷。

（4）涂装验收

在全部钢构件的组装结束后，承包人应会同监理人，对每项钢构件的涂装进行检查和验收。检查和验收记录应提交监理人。

20.4 钢构件预拼装

20.4.1 一般要求

（1）预拼装应在合格的工作平台及装配胎模上进行，以保证小拼单元的精度和互换性。

（2）承包人应根据施工图纸要求编制详细的预拼装方案，提交监理人批准。

20.4.2 预拼装

（1）高强度螺栓和普通螺栓连接的多层板叠预拼装质量，应遵守 GB 50205—2001 第 9.2.1 条的规定。

（2）多节柱、梁、桁架、管构件、构件平面总体预拼装应参照 GB 50205—2001 附录 D 的要求进行。

（3）预拼装质量检查合格后，应标注中心线及安装控制基准线等标记。

（4）预拼装完成后，承包人应会同监理人按 GB 50205—2001 第 9 章的要求对钢构件预拼装进行检查。质量检查记录应提交监理人。

20.5 钢结构安装

20.5.1 钢构件运输、存放和验收

（1）安装前，承包人应负责将验收合格的所有钢构件运至安装地点。对大型钢构件，应按本章第 20.1.3 条的规定，制订运输和吊装方案，提交监理人批准。

（2）钢构件存放场地应平整、坚实、干净，底层垫层应防止钢构件被压坏和变形，并应按安装顺序分区存放。

（3）承包人应会同监理人对钢构件进行逐项检查和验收，检查验收记录应提交监理人。

20.5.2 钢结构安装

（1）承包人应根据监理人批准的钢结构工程施工措施计划，制订各项钢结构安装措施，提交监理人批准，其内容包括：

1）各项钢结构的安装方法；

2）安装起吊设备和辅助安装设施的配置，以及发包人设施和设备的使用计划；

3）钢结构安装过程的精度控制以及检测程序；

4）安全保证措施。

（2）钢结构安装前，承包人应会同监理人对全部钢结构安装工作面（包括其它承包人完成的钢结构安装工作面）进行验收，并经监理人确认合格后，才能开始安装。

（3）承包人应按施工图纸的要求校测安装基准点和控制点；检查钢结构工程的安装轴线和基础标高、支座预埋件或预埋螺栓的安装位置等。

（4）各项钢结构的安装措施：

1）采用扩大拼装单元进行安装时，应对容易变形的钢构件进行强度和稳定性验算，必要时应采取加固措施；

2）大型钢构件和组成块体的网架结构，采用单点和多节杆吊装及高空滑移安装时，其吊点必须通过计算确定，应保证各吊点起升的同步性，并防止构件局部变形和损坏；

3）在室外进行钢结构安装校正时，应考虑焊接变形因素，并根据当地风力、温差、日照等影响，作出相应的调整措施；

4）钢构件的连接接头，应经检查合格后才能使用，在焊接和高强度螺栓并用的连接处，应按"先栓后焊"的原则进行。

（5）钢构件在运输和吊装过程中的被损坏涂层及安装连接处的未涂部位，应按本章第20.3.6条的规定进行补涂。

（6）需要隐蔽的钢结构部位安装完毕，经监理人验收合格后，才能进行覆盖。

20.5.3 钢网架结构安装

（1）钢网架结构支承面顶板和支承垫块的安装应遵守 GB 50205—2001 第 12.2 节的规定。

（2）钢网架结构的小拼、中拼单元的允许偏差应参照 GB 50205—2001 表 12.3.1 和表 12.3.2 的数据确定。

（3）结构安全等级为一级、跨度为 40m 及其以上的网架结构，应按施工图纸的要求进行节点承载力试验。试验应遵守 GB 50205—2001 第 12.3.3 条的规定，试验成果应提交监理人。

（4）钢网架结构总拼完成后及屋面工程完成后，承包人应分别测量网架结构的挠度值，其实测最大挠度值应不超过相应设计值的 1.15 倍。实测成果应提交监理人。

（5）钢网架结构安装的允许偏差和检验方法应遵守 GB 50205—2001 第 12.3.6 条的规定。

（6）钢网架总拼完成后，应对各球节点所有焊缝进行外观检查。对于大、中跨度钢管网架的拉杆与球的对接焊缝，应抽样进行无损探伤检验。抽样检验成果应提交监理人。

20.5.4 钢屋面板安装

（1）钢屋面板安装应在下部钢桁架或钢网架结构验收合格后进行。

（2）采用压型金属板的钢屋面板安装应满足：

1）有涂层或镀层的压型金属板成型后，其表面不应有肉眼可视见的裂痕、剥落及明显的凹凸和褶皱，表面应干净；

2）安装的压型金属屋面板，以及具有良好密封性能和外观的泛水板、包角板等均应固定牢固，连接件的数量和间距应符合施工图纸和现行有关规范的规定；

3）压型金属屋面板应在支承构件上可靠搭接，搭接要求应符合施工图纸要求和遵守 GB 50018—2002 第 7.2.5 条和第 7.2.7 条的规定；

4）压型金属屋面板的安装应遵守 GB 50205—2001 第 13.3 节的规定；

5）钢屋面隔热材料应符合施工图纸要求。隔热材料的两端应固定，并将固定点之间采用的隔热毡材拉紧。防潮层置于建筑物的内侧，面上不得有孔。防潮层的纵向和横向搭接处应粘接或锁缝。位于端部的隔热材料应利用防潮层反折封闭，以防雨水渗入。当隔热材料不能承担自重时，应将其铺设在支承网上。

（3）用于屋面结构金属板材的防水密封涂料，应由具有资质的检验机构提供检验成果，还应按监理人指示进行必要的现场工艺试验。现场工艺试验报告应提交监理人。

20.5.5 零星钢结构的安装

《固定式钢直梯》（GB 4053.1—1993）、《固定式钢斜梯》（GB 4053.2—1993）、《固定式钢防腐栏杆》（GB 4053.3—1993）和《固定式钢平台》（GB 4053.4—1993）等标准。其允

许偏差应参照 GB 50205－2001 附录 E 中表 E.0.4 的数据选定。

20.6 钢结构工程验收

20.6.1 钢结构材料和外购件验收

用于钢结构工程的钢材、压型金属板、外购件、焊接材料和涂装材料等，均应由监理人按本技术条款和本章 20.2 节的规定进行检验和验收。

20.6.2 钢构件验收

每项钢构件制造完成后，承包人应向监理人申请对钢构件进行检查、验收，并同时提交以下验收资料：

（1）钢构件或其组合件的验收清单；
（2）钢构件加工详图；
（3）焊接工艺评定报告和焊缝质量检验记录；
（4）钢构件各项材料和外购件的质量合格证和使用说明书；
（5）涂装质量检查记录；
（6）钢构件组装及预拼装的质量检查和评定记录；
（7）监理人要求提交的其它验收资料。

20.6.3 完工验收

钢结构工程全部完成后，承包人可申请对钢结构工程完工验收，并提交以下完工资料：

（1）钢结构工程完工项目清单；
（2）钢结构工程竣工图；
（3）钢结构安装的各项材料和标准件的质量合格证、使用说明书及检验报告；
（4）钢结构工程基础、支承面及隐蔽部位安装的质量检查和验收资料；
（5）各安装工序的检测记录和验收资料；
（6）焊缝质量检查和检验验收资料；
（7）总拼就位的质量检查和验收资料；
（8）钢结构涂装的质量检查和验收资料；
（9）重大缺陷和质量事故处理报告；
（10）监理人要求提交的其它完工资料。

20.7 计量和支付

（1）钢结构按施工图纸所示尺寸计算的有效重量以吨为单位计量，由发包人按《工程量清单》相应项目有效工程量的每吨工程单价支付。

（2）钢结构有效重量不扣减切肢、切边和孔眼损失的重量，也不计入电焊条、铆钉和螺栓增加的重量。

（3）施工架立件、搭接、焊接、套筒链接、操作损耗、涂装和检验试验等所需费用，均包含在《工程量清单》相应项目有效工程量的每吨工程单价中，发包人不另行支付。

第 21 章 钢闸门及启闭机安装

21.1 一般规定

21.1.1 应用范围

本章规定适用于本合同各种钢闸门及启闭机的安装。其安装项目包括各类钢闸门及其拦污栅和门（栅）槽，以及各种型式启闭机设备及其承载平台和基础埋件等。安装项目见表21-1。

21.1.2 承包人责任

(1) 承包人应负责接收发包人提供的设备，根据供货合同和设备到货清单进行检查和验收，并负责设备的运输、保管和贮存。

(2) 承包人应负责本合同全部项目的现场安装工作，包括设备试验和试运转，以及提供安装所需的人工、材料、设备和检测器具。

(3) 在设备安装和维修期内，承包人应承担全部安装设备的维护保养和缺陷修复工作。

21.1.3 主要提交件

(1) 安装措施计划

承包人应在钢闸门及启闭机安装前，将本合同项目的安装措施计划提交监理人批准。其内容包括：

1) 安装场地及主要临时建筑设施布置及说明；
2) 设备运输和吊装方案；
3) 闸门和启闭机的安装方法和质量控制措施；
4) 闸门和启闭机的试验和试运转工作大纲；
5) 安装进度计划；
6) 监理人要求提交的其它资料。

(2) 设备交货计划

承包人应按监理人批准的安装进度计划，并根据本合同设备安装进度要求，编制一份要求发包人提供的设备交货计划，提交监理人批准。

21.1.4 引用标准

(1)《钢结构用高强度大六角头螺栓、大六角螺母、垫圈技术条件》（GB/T 1231—2006）；

(2)《金属熔化焊焊接接头射线照相》（GB/T 3323—2005）；

(3)《无损检测人员资格鉴定与认证》（GB/T 9445—2005）；

(4)《液压传动－油液－固体颗粒污染等级代号》（GB/T 14039—2002）；

(5)《金属和其他无机覆盖层热喷涂操作安全》（GB 11375—1999）；

(6)《现场设备、工业管道焊接工程施工与及验收规范》（GB 50236—1998）；

(7)《起重设备安装工程施工及验收规范》（GB 50278—1998）；

(8)《电气装置安装工程起重机电气装置施工及验收规范》(GB 50256—1996);
(9)《钢焊缝手工超声波探伤方法和探伤结果分析》(GB 11345—1989);
(10)《涂装前钢材表面锈蚀等级和除锈等级》(GB 8923—1988);
(11)《水电水利工程钢闸门制造安装及验收规范》(DL/T 5018—2004);
(12)《水工金属结构焊工考试规则》(SL 35—1992);
(13)《水工金属结构焊接通用技术条件》(SL 36—2007);
(14)《水工金属结构防腐蚀规范》(SL 105—2007);
(15)《水利水电工程启闭机制造安装及验收规范》(SL 381—2007);
(16)《水利水电工程金属结构与机电设备安装安全技术规程》(SL 400—2007);
(17)《无损检测 焊缝磁粉检测》(JB/T 6061—2007);
(18)《无损检测 焊缝渗透检测》(JB/T 6062—2007)。

21.1.5 图纸和技术文件

(1) 图纸:

1) 发包人提供的施工安装图纸,包括安装控制点位置图、闸门及启闭设备布置图、设备安装图、部件零件图、埋设件图等及相关的水工建筑物图纸;

2) 设备供货商根据供货合同承包人提供的设备安装图纸。

(2) 技术文件:

1) 本合同技术条款;

2) 本合同引用的国家标准和行业标准;

3) 随设备交货时提交的发货清单、设备出厂合格证、质量证明书;安装、运行和维护说明书,以及其它有关的技术文件和资料(以下统称供货商技术文件);

4) 履行合同中监理人的指示,以及监理人批准的承包人提交件。

(3) 图纸和技术文件的提交和批准:

1) 由发包人向承包人提供的图纸和技术文件(包括履行合同中监理人的指示和监理人批准的承包人提交件),均应在该项设备安装前,由监理人签发给承包人;

2) 监理人和承包人有权根据安装工作的需要,要求发包人指示供货商提交补充的图纸和技术文件。

21.1.6 基准线和基准点

发包人应在承包人开始安装工作前,将安装用基准线和基准点的有关资料和控制点位置图提交给承包人。

21.1.7 安装材料

(1) 每批安装材料均应附有生产厂家的产品质量证书、使用说明和检验报告等。

(2) 每批材料均应按本合同技术条款规定进行抽样检验。抽样检验成果应提交监理人。

21.1.8 安装前设备检查

设备安装前,承包人应逐项检查拟安装设备及其构件与零部件的缺损情况,并作好记录提交监理人。对检查中发现的缺损设备,应明确相应责任,及时进行修复或补齐。

21.1.9 安装前土建工作面清理

承包人应会同监理人对其它承包人提供的土建工作面,按隐蔽工程的验收要求进行检查和验收,确认混凝土浇筑和埋件埋设质量达到施工安装图纸要求后,才能开始安装。

21.1.10 钢闸门及启闭机的安装、试验和验收

承包人完成钢闸门及启闭机安装后,应由监理人会同承包人和供货商代表,共同进行检查验收,检查验收报告应提交监理人。

21.2 一般技术要求

21.2.1 计量器具和检测仪表

(1) 安装使用的各种计量器具和检测仪表均应具有产品质量证书,并应经具备校验资质的专业检测单位进行率定和标定。承包人应保证全部计量器具和检测仪表在其有效期内的检测精度等级不低于被测对象要求的精度等级。

(2) 安装过程中,监理人认为有必要时,有权要求承包人应对其使用的计量器具和检测仪表进行校测复验,发现不合格的计量器具和检测仪表应及时更换。

21.2.2 焊接

(1) 焊工和无损检测人员:

1) 焊工资格应遵守 SL 381—2007 第 4.7.1 条的规定;

2) 无损检测人员资格应遵守 SL 381—2007 第 4.8.1 条的规定。

(2) 焊接材料的保管和烘焙应遵守 DL/T 5018—2004 第 4.3.6 条的规定。

(3) 承包人应按 SL 36—2006 第 4.5 节的规定进行焊接工艺评定,并编制焊接作业指导书,提交监理人批准。

(4) 焊接质量检验:

1) 所有焊缝均应按 SL 36—2006 第 10.2 节和第 10.3 节的规定进行外观检查;

2) 焊缝的无损检测应遵守 SL 36—2006 第 10.4 节的规定。

(5) 焊缝缺陷的返修和处理应遵守 SL 36—2006 第 11.3~11.5 节的规定。

(6) 焊后消应处理应符合 SL 36—2006 第 8 章的有关规定。

21.2.3 螺栓连接

(1) 螺栓、螺母和垫圈应分类存放,妥善保管。分箱保管的高强度螺栓连接副在使用前严禁任意开箱。

(2) 普通螺栓、高强度螺栓连接应遵守 SL 381—2007 第 4.9 节的规定。

21.2.4 涂装施工

(1) 涂装表面预处理施工、质量评定及喷射清理的安全与防护,应符合施工安装图纸和 SL 105—2007 第 3.2~3.4 节的规定。

(2) 涂料涂装

1) 除合同另有约定外,涂装材料的品种、性能和颜色应与设备供货商使用的涂装材料一致;

2) 涂料涂装应按施工安装图纸的要求进行施工,并应遵守 SL 105—2007 第 4.3 节和第 4.5 节的规定;

3) 涂料涂装的质量检查,应遵守 SL 105—2007 第 4.4 节的规定。

(3) 金属热喷涂涂装

1) 金属涂复合保护系统中金属涂层材料、厚度及配套涂料,应满足施工安装图纸的要求,并遵守 SL 105—2007 第 5.2 节和第 5.3 节的规定;

2）金属热喷涂施工应满足施工安装图纸的要求，并应遵守 SL 105—2007 第 5.4 节的规定；

3）金属热喷涂的质量检查应遵守 SL 105—2007 第 5.5 节的规定；

4）金属喷涂的操作安全还应遵守 GB 11375—1999 的规定。

21.2.5　橡胶粘合

（1）所有闸门橡胶水封接头的粘结工艺，应由承包人通过试验选定。橡胶粘结试验及其工艺报告应提交监理人批准。

（2）采用热胶合时，应按橡胶水封供货商提供的操作规程进行粘结和硫化，并应提供与橡胶水封形状和断面一致的加热压模。

（3）采用冷粘结时，承包人应编写冷粘结工艺措施报告，提交监理人批准。

（4）橡胶水封的安装应满足施工安装图纸的要求，并应遵守 DL/T 5018—2004 第 8.2.5～8.2.8 条的规定。

21.3　闸门和拦污栅的安装

21.3.1　埋件安装

（1）闸门和拦污栅埋件的安装应遵守 DL/T 5018—2004 第 8.1 节和第 9.2 节的规定。

（2）浮箱闸门水封埋件的安装，应使每一个孔口的底水封座板埋件表面与两侧侧水封座板埋件表面（包括两相邻孔口共用的侧水封座板埋件）在同一平面上，其平面度偏差应小于 2mm。底水封座板与侧水封座板的接头焊缝表面应打磨平整。孔口底部支承闸门的支承墩埋件表面应平整，其高差不得大于 2mm，支承面应与两侧水封埋件工作面垂直，其垂直度偏差不大于 2/1000。

（3）所有埋件工作面上的连接焊缝，应在安装工作完毕和二期混凝土浇注后，仔细进行打磨，其表面平整度和粗糙度应与焊接构件一致。

（4）采用充压水封的工作弧门门槽埋件安装就位后，待弧门安装完成，应做划弧试验。在达到施工安装图纸要求后再焊接固定，并经监理人检查合格后，才能回填二期混凝土。

（5）埋件安装完毕后，应对埋件的安装精度进行复测。清理和复测记录应提交监理人。

21.3.2　平面闸门安装

（1）安装技术要求：

1）充压水封的安装应符合施工安装图纸的规定；

2）平面闸门的安装应遵守 DL/T 5018—2004 第 8.2 节的规定；

3）闸门主支承部件的安装应在门叶结构焊接完毕，经测量校正合格后进行。所有主支承面应当调整到同一平面上，其误差不得大于施工安装图纸的规定；

4）平面链轮闸门门叶安装后，单个链轮及整体链轮应转动灵活，不允许有卡阻和过松、过紧现象，并应满足门叶垂直吊起底部链轮上缘与底部走道之间间隙为 20～30mm；

5）平面链轮闸门安装后在门槽内升降时，链条与链轮应无卡阻现象，与轨道接触侧应保证 80% 以上的链轮处于受力状况，不接触链轮的允许间隙不应大于 0.1mm；

6）充水装置和自动挂脱梁定位装置的安装，应注意与自动挂脱梁的配合，以确保安全可靠地对准并完成挂脱钩动作；

7）闸门安装完毕后，应清除所有杂物，在滑动、滚动部位涂抹或灌注润滑脂。

（2）试验：

1）静平衡试验：将闸门吊离地面100mm，测量闸门上、下游与左、右方向的倾斜，其测量值应遵守 DL/T 5018—2004 第 8.2.9 条的规定；

2）无水情况下全行程启闭试验：试验过程检查滑道或滚轮的运行应无卡阻现象；双吊点闸门的同步应达到施工安装图纸要求；水封橡皮无损伤；闸门在全关位置，漏光检查合格、止水应严密。在全过程试验中，必须对水封橡皮与不锈钢水封座板的接触面采用清水冲淋润滑，以防损坏水封橡皮；

3）静水情况下的全行程启闭试验：试验应在无水试验合格后进行。试验、检查内容与无水试验相同（水封装置漏光检查改为渗漏量检查）；

4）动水启闭试验：事故闸门、工作闸门应按施工安装图纸要求，进行动水条件下的启闭试验，试验水头应尽量与设计水头一致；

5）通用性试验：对一门多槽使用的平面闸门，必须分别在每个门槽中进行无水情况下的全程启闭试验合格。

21.3.3 弧形闸门安装

（1）安装技术要求：

1）弧形闸门的安装应遵守 DL/T 5018—2004 第 8.3 节的规定；

2）弧形闸门左右铰座轴孔同心度检查合格后，才允许将弧形闸门的支臂与支铰座进行连接；

3）弧形闸门各节面板拼装完毕，应用样板检查其弧面的准确性。样板弦长不得小于1.5m。检查结果符合施工安装图纸要求，才能进行安装焊缝的焊接或连接螺栓的紧固；

4）弧形闸门安装完毕后，应拆除所有安装用的临时支撑，修整好焊缝，清除埋件表面和门叶上的所有杂物，在各转动部位按施工图纸要求灌注润滑脂。

（2）试验：

1）无水情况下全行程启闭试验：检查支铰转动情况，闸门启闭过程应平稳无卡阻；水封橡皮与止水座板应接触良好不透光。在本项试验的全过程中，必须对水封橡皮与不锈钢水封座板的接触面采用清水冲淋润滑，以防损坏水封橡皮；

2）动水启闭试验：试验水头应尽量接近设计操作水头。动水启闭试验包括全程启闭试验和施工安装图纸规定的局部开启试验，检查支铰转动、闸门振动、水封密封等工作正常。

21.3.4 弧形闸门充压水封的安装

（1）安装技术要求：

1）承包人应按施工安装图纸和 GB/T 50236—1998 的规定进行管路的配置及安装；

2）充压系统管路必须采用清洁水循环清洗，以清除管路内的氧化皮及污杂物。充压水注入系统前应进行过滤。

（2）试验：

1）充压水封系统的调试内容包括水位控制器调整、电动阀的模拟动作、水泵试运转、储能罐充压及控制元件的调整；

2）系统充压试验采用分级逐步升压，每次保压10分钟后再继续升压，直至达到规定的工作压力，并保压24小时后，检查封水效果。系统压力下降值不应大于15%，系统中的机、电、液各控制元件动作准确可靠；

3）试验压力为工作压力的1.25倍，保压30分钟后，系统压力正常，密封情况良好；

4）上述试验完成后，应在 1.25 倍工作压力下保压 24 小时，检查系统压力及密封情况正常；

5）闸门启闭操作过程试验：应检查充压水封控制系统与闸门启闭操作控制系统之间的顺序控制，及相互闭锁条件的正确、可靠性；检查闸门启闭全过程充压水封应处于完全泄压状态，不允许带压操作。

21.3.5　人字闸门安装

（1）安装技术要求：

1）人字闸门的安装应遵守 DL/T 5018—2004 第 8.4 节的规定；

2）人字闸门门叶应采用逐节吊装就位、调整、焊接、检查、校正的安装程序。支枕垫座及水封的安装，应满足施工安装图纸要求；

3）人字闸门安装检查合格后，应拆除临时支撑，清除门叶上的所有杂物，并对顶、底枢转动部分灌注润滑脂。

（2）试验：

1）启闭试验前，应检查底枢、顶枢、支枕垫座、止水等接触良好，转动灵活；

2）无水情况下全行程启闭试验：检查顶、底枢等转动部位的运行情况，做到闸门旋转过程平稳无卡阻，两门叶导卡啮合自如，支枕垫座和水封接触及斜接柱支垫块间接触符合施工安装图纸要求；

3）静水情况下全行程启闭试验应检查闸墙变位对顶枢的影响；

4）应按设计水头进行挡水试验，检测拱高变化量，测量值应符合施工安装图纸要求，并检查漏水情况。

21.3.6　浮箱闸门安装

（1）安装技术要求：

1）承包人应编制浮箱闸门门体拼装和浮运方案，提交监理人批准。浮箱闸门门体拼装和辅助设备安装应符合施工安装图纸的规定；

2）浮箱闸门的焊缝质量除进行无损探伤外，还应进行水密性检查。对不合格的焊缝应按本章第 21.2.2 条的有关规定进行返修处理。水密性检查可采用下列方法之一：

①煤油渗透，时限应不小于 4 小时；

②肥皂泡试验：肥皂液浓度应能使小管口吹发的泡沫留在空中飘游，试验时背面加气压力应不小于 0.25MPa。

3）水封装置安装应遵守 DL/T 5018—2004 第 8.2.4～8.2.8 条的规定；

4）浮箱闸门固定配重的混凝土填筑，应在浮入水库水面后进行。承包人在填筑固定配重时，应按施工安装图纸规定的填筑数量及位置和门体入水的实际状态进行适当调整，使其在水中的重心、浮心及其稳定性应满足施工安装图纸要求。

（2）试验

浮箱闸门下水后，承包人应进行下列检查和试验：

1）浮箱闸门的浮心、稳心试验；

2）浮箱闸门在水库中的拖运试验；

3）浮箱闸门封堵孔口试验；

4）浮箱闸门从封堵孔口浮离转移试验；

5）浮箱闸门在存放处的锚泊试验；
6）浮箱闸门密封性检查。

21.3.7 拦污栅安装

（1）安装技术要求：

1）拦污栅、应按施工安装图纸进行安装，并应遵守 DL/T 5018—2004 第 9.2 节的规定；

2）拦污栅栅叶为多节结构时，其节间的连接，除框架边柱应对齐外，栅条的最大错位应小于栅条厚度的 0.5 倍。

（2）试验：

1）活动式拦污栅栅体吊入栅槽后，应作升降试验，检查栅体在槽中应无卡阻现象，各节连接可靠；

2）采用自动挂脱梁起吊的活动式潜孔拦污栅，应逐孔进行挂脱动作试验，确保挂脱动作可靠；

3）使用清污机清污的拦污栅，应按施工安装图纸要求进行清污试验。

21.4 启闭机安装

21.4.1 固定卷扬式启闭机安装

（1）安装技术要求：

1）启闭机平台的安装高程，应遵守 SL 381—2007 第 5.2.2 条 4 款的规定；

2）机座的纵、横向中心线与闸门吊耳的起吊中心线的距离偏差应遵守 SL 381—2007 第 5.2.2 条 5 款的规定；

3）双卷筒串联的双吊点启闭机安装，应遵守 SL 381—2007 第 5.2.2 条 7 款的规定；

4）启闭机安装应遵守 SL 381—2007 第 5.2 节的有关规定；

5）每台启闭机安装完毕，应对启闭机进行清理，修补损坏的保护油漆涂层表面，并灌注润滑油、脂。

（2）试验：

1）电气设备的试验应遵守 SL 381—2007 第 5.3.2 条规定。对采用 PLC 控制的电气控制设备应进行模拟信号调试和联机调试；

2）无荷载试验：启闭机不带闸门的运行试验，应遵守 SL 381—2007 第 5.3.3 条的规定；

3）荷载试验：带闸门的启闭试验，应在设计水头工况下，针对不同类型闸门的启闭机，分别按 SL 381—2007 第 5.3.4 条规定进行；

4）各项试验结束后，全面检查设备应运行正常。

21.4.2 移动式启闭机（含清污机）安装

（1）轨道安装技术要求：

1）大车轨道吊装前，应测量和标定轨道的安装基准线；

2）小车轨道安装应符合施工安装图纸和 SL 381—2007 第 8.2.3 条的规定；

3）小车轨道安装应遵守 SL 381—2007 第 8.2.2 条的规定；

4）同跨同端的两车挡与缓冲器应接触良好，有偏差时应进行调整。

（2）设备安装技术要求

移动式启闭机包括单向、双向门式启闭机、桥式启闭机、台车式启闭机及清污机。

1）门架、桥架的安装，应遵守 SL 381—2007 第 8.2.1 条的规定；

2）运行机构的安装，应遵守 SL 381—2007 第 8.2.4 条的规定；

3）电气设备的安装，应遵守 SL 381—2007 第 8.2.5 条的规定；

4）每台启闭机安装完毕，应对启闭机进行清理，修补损坏的油漆涂层表面，并灌注润滑油、脂；

5）清污机的安装应参照移动式启闭机相关部件的安装技术要求执行。

（3）试验：

1）移动式启闭机设备试运转前的检查，应遵守 SL 381—2007 第 8.3.2 条的规定；

2）起升机构和运行机构空载试验的检查，应遵守 SL 381—2007 第 8.3.3 条的规定；

3）静载试验，应遵守 SL 381—2007 第 8.3.4 条的规定；

4）动载试验，应遵守 SL 381—2007 第 8.3.5 条的规定；

5）各项试验结束后，全面检查设备应运行正常；

6）清污机的试验应按移动式启闭机相关部件的试运转条款执行。耙斗式清污机应试验耙斗的运行动作，检查其灵活性。

21.4.3 螺杆启闭机安装

（1）安装技术要求：

1）启闭机平台的安装高程和水平偏差，应遵守 SL 381—2007 第 6.2.2 条 4 款的规定；

2）机座的纵、横向中心线与闸门吊耳的起吊中心线距离偏差不应超过±1mm；机座与基础板的局部间隙应不超过 0.2mm，非接触面应不大于总接触面的 20%；

3）每台启闭机安装完毕，应对启闭机进行清理，修补损坏的保护油漆涂层表面，并灌注润滑油、脂。

（2）试验：

1）电气设备试验，应遵守 SL 381—2007 第 6.3.2 条的规定；

2）无荷载试验：启闭机不带闸门的运行试验，应遵守 SL 381—2007 第 6.3.3 条的规定；

3）荷载试验应在设计水头工况下，连接闸门进行启闭试验，试验应遵守 SL 381—2007 第 6.3.4 条的规定；

4）各项试验结束后，全面检查设备应运行正常。

21.4.4 液压启闭机安装

（1）安装技术要求：

1）液压启闭机的安装包括液压缸总成、液压站及液压控制系统设备、管道及附件、液压缸承载结构及基础埋件和电气设备等；

2）液压缸支承机架的安装，应遵守 SL 381—2007 第 7.4.2 条的规定；

3）机架钢梁与推力支座组合面的安装，应遵守 SL 381—2007 第 7.4.3 条的规定；

4）承包人应按施工安装图纸要求进行配管，管路布置应尽量减少阻力；

5）液压管路系统安装完毕后，应按 SL 381—2007 第 7.4.5 条的规定，对管路系统与液压缸、阀组、泵组隔离（或短接）后进行循环冲洗；

6）液压系统注入的液压油，应遵守 SL 381—2007 第 7.4.7 条的规定。

（2）试验与检测：

1）液压管路耐压试验：试验压力：$P_额<16MPa$ 时，$P_试=1.5P_额$；$P_额>16MPa$ 时，$P_试=1.25P_额$；在各试验压力下保压 10 分钟，管路系统不得有泄漏现象。试验合格后，按施工安装图纸的要求整定各压力阀的工作压力；

2）液压启闭机的试验与检测，还应遵守 SL 381—2007 第 7.5 节的有关规定；

3）各项试验结束后，全面检查设备应运行正常。

21.5 质量检查和验收

21.5.1 埋件的质量检查和验收

（1）埋件安装前，应对安装基准线和基准点进行复核检查，检查合格后，才能进行安装。

（2）埋件安装就位后，应在混凝土浇筑前，对埋件的安装位置和尺寸进行测量检查，经监理人确认合格后，才能进行混凝土浇筑。测量记录应提交监理人。

（3）混凝土浇筑后，应对埋件的安装位置和尺寸进行复测检查，若经检查发现埋件的安装质量不合格，应按监理人的指示进行处理。

21.5.2 闸门及启闭机安装质量的检查和验收

（1）承包人应会同监理人对本合同所有闸门及启闭机的安装焊接、表面涂装、安装偏差以及试验成果等进行检查，并作好记录。质量检查记录应提交监理人。

（2）闸门及启闭机安装完成后，应由监理人组织进行各项设备的检查和验收。承包人应向监理人提交以下资料：

1）闸门和启闭机及其埋件的安装质量检查记录；

2）闸门试验和检测成果及启闭机试验和试运转记录。

21.5.3 完工验收

全部闸门及启闭机安装完毕，并经试运转合格，承包人应向监理人申请完工验收，并提交以下完工资料：

（1）完工项目清单；

（2）安装竣工图纸；

（3）主要材料和外购件的产品质量证明书和使用说明书；

（4）焊接工艺评定报告；

（5）安装焊缝质量检验报告；

（6）闸门、启闭设备及其埋件的安装质量检验记录；

（7）闸门和启闭机的调试及试验报告；

（8）重大缺陷和质量事故处理报告；

（9）监理人要求提交的其它完工资料。

21.6 计量和支付

（1）钢闸门安装工程按施工图纸所示尺寸计算的闸门本体有效重量以吨为单位计量，由发包人按《工程量清单》相应项目的每吨工程单价支付。钢闸门附件安装、附属装置安装、钢闸门本体及附件涂装、试验检测和调试校正等工作所需费用，包含在《工程量清单》相应钢闸门安装项目有效工程量的每吨工程单价中，发包人不另行支付。

（2）门槽（楣）安装工程按施工图纸所示尺寸计算的有效重量以吨为单位计量，由发包人按《工程量清单》相应项目的每吨工程单价支付。二次埋件、附件安装、涂装、调试校正等工作所需费用，均包含在《工程量清单》相应门槽（楣）安装项目有效工程量的每吨工程单价中，发包人不另行支付。

（3）启闭机安装工程按施工图纸所示启闭机数量以台为单位计量，由发包人按《工程量清单》相应启闭机安装项目每台工程单价支付。除合同另有约定外，基础埋件安装、附属设备（起吊梁或平衡梁、供电系统、控制操作系统、液压启闭机的液压系统等）安装、与闸门连接和调试校正等工作所需费用，均包含在《工程量清单》相应启闭机安装项目每台工程单价中，发包人不另行支付。

附：闸门及其启闭机安装项目见表 21-1。

表 21-1　　　　　　　　　　闸门及其启闭机安装项目一览表

编号	项目名称	闸门、拦污栅、门（栅）槽						启闭机					轨道			备注
		孔口尺寸（宽×高）(m×m)	数量（套）	设计水头（水位差）(m)	支承型式	单重(t)	总重(t)	型式	启闭容量(kN)	扬程（行程）(m)	数量（套）	单重(t/套)	总重(t)	型号	数量(m)	重量(t)	

第 22 章 预 埋 件 埋 设

22.1 一般规定

22.1.1 应用范围

本章规定适用于本合同的水力机械辅助设备系统、通风与空气调节系统、建筑给排水系统、消防系统、各类电缆和接地装置，以及其它设施和设备的预埋管道和预埋件的埋设。

22.1.2 承包人责任

（1）承包人应负责预埋件材料的采购、运输、保管、加工、埋设、检查和试验。

（2）承包人应按监理人提供的施工安装图纸和监理人的指示，负责埋设在混凝土、地下、水中、基岩和其他砌体中的上述预埋件，并对其漏埋、错埋或其它原因造成的损坏负责。

（3）承包人在完成单元工程，或分部位项目的预埋件，并经自检合格后，应由监理人组织进行预埋件的检查验收。

22.1.3 主要提交件

承包人应根据监理人提供的工程布置图、设备安装图及预埋件等施工安装图纸，编制各单元工程或分部位项目的预埋件一览表和材料采购清单，提交监理人。

22.1.4 引用标准

（1）《给水排水管道工程施工及验收规范》（GB 50268—2008）；

（2）《电气装置安装工程接地装置施工验收规范》（GB 50169—2006）；

（3）《电气装置安装工程电缆线路施工及验收规范》（GB 50168—2006）；

（4）《生活饮用水卫生标准》（GB 5749—2006）；

（5）《金属熔化焊焊接接头射线照相》（GB/T 3323—2005）；

（6）《水轮发电机组安装技术规范》（GB/T 8564—2003）；

（7）《建筑给水排水及采暖工程施工质量验收规范》（GB 50242—2002）；

（8）《生活饮用水输配水设备及防护材料的安全性评价标准》（GB/T 17219—1998）；

（9）《钢焊缝和手工超声波探伤方法和探伤结果分级》（GB/T 11345—1989）；

（10）《无损检测 焊缝磁粉检测》（JB/T 6061—2007）；

（11）《无损检测 焊缝渗透检测》（JB/T 6062—2007）。

22.2 预埋件埋设的一般技术要求

（1）承包人选用的所有预埋件材料及配件，其品种、型号、规格、性能应满足施工安装图纸要求和国家（行业）的现行有关标准。

（2）预埋件埋设前应进行清理，清除其内、外表面被沾染的污物。

（3）承包人需要局部更改预埋件的埋设位置，应经监理人批准，修改后的预埋件埋设位置应避免与其它埋件干扰，修改后的埋设记录应提交监理人。

22.3 预埋管道的安装和埋设

22.3.1 管道加工和安装

（1）钢管：

1）钢管切割和坡口应满足施工安装图纸的要求，并遵守 GB/T 8564—2003 第 12.1.5 条的规定；

2）热弯钢管加工可参照 GB/T 8564—2003 第 12 章表 36 的规定执行；

3）电缆管道弯曲半径不应小于穿入电缆的最小允许弯曲半径，电缆的最小弯曲半径详见 GB 50168—2006 表 5.1.7 的规定。

4）电缆管之间采用套管焊接，连接时两管口对准、点焊连接牢固、密封良好；连接套管长度不小于电缆管外径的__2.2__倍；

5）输送介质的管道弯制后的截面最大、最小外径差：当输送压力小于 10MPa 时，不应超过管道外径的__8%__；电缆管道弯制后的截面最大与最小外径差不应超过管道外径的__10%__；

6）采用钢管加工的风管不应采用焊制和褶皱弯头；

7）管道任何位置不应有十字形焊缝及在焊缝处开孔；

8）预埋管道采用焊接连接的管道时，应对焊面及坡口两侧__30mm__范围内清除油污、铁锈、毛刺等，焊接后清除管道内外壁焊疤，焊缝表面应无裂纹、夹渣、凹陷及过烧等缺陷；

9）碳素钢管采用电弧焊焊接、不锈钢管采用氩弧焊焊接。机组的油、气系统及有特殊要求的水系统管道及薄壁口径小的测压管道对口焊接，应符合 GB 8564—2003 第 12.2 节的有关规定。

（2）铸铁管：

1）安装铸铁管前，应清除其表面的粘沙、飞刺、沥青块及承插部位的沥青涂层；

2）安装铸铁管接口用的橡胶圈不应有气孔、裂缝、重皮或老化等缺陷；

3）承插铸铁管的给水与排水管道捻口安装，应遵守 GB 50242—2002 第 9.2.12 条、第 9.2.13 条和第 10.2.4 条的规定。

（3）塑料管、复合管：

1）管道切割、加工应使用专用工具；

2）加工后管道端面应平整垂直于轴线，或按相应管道工程技术规程要求的切割面，并不应有裂纹、毛刺等缺陷，接口内外应清理干净；

3）冬季安装应采取保温防冻措施，不得使用冻硬的橡胶圈；

4）塑料管、复合管与金属管件的连接应使用专用连结管件；

5）用硬塑料管作电缆管，在套接或插接时，插入深度为管道内径__1.1～1.8__倍，在插接面上涂以胶合剂粘牢密封；采用套接时，套管两端应采取密封措施。

22.3.2 管道埋设

（1）预埋管道通过沉降缝或伸缩缝时，必须按施工安装图纸要求做过缝处理。

（2）预埋管道安装就位后，应采用支撑固定，防止混凝土浇筑或回填过程中发生变形或位移，钢支撑可留在混凝土内，预埋钢管用支撑焊接固定时，不应烧伤管道内壁。

(3) 埋设在沟槽内的管道，沟槽底面应按施工安装图纸要求进行填平夯实后才能铺设。

(4) 预埋管道管口伸出墙、柱、梁、板面距离，应按施工安装图纸要求和监理人指示，以及有关规范的规定进行埋设。管道埋设施工间断时，应及时暂封管口。

(5) 电气管道的埋设，还应遵守 GB 50168—2006 第四章的有关规定，当电气管道终端设置在明装的管道盒或设备上，应采用模板固定管道，以保持正确位置。

(6) 机组排水、排油管道坡度，应遵守 GB/T 8564—2003 第 12.3.3 条的规定；生活污水铸铁管、塑料管的坡度，应参照 GB 50242—2002 表 5.2.2、表 5.2.3 的数据选定；地下埋设雨水管道的最小坡度，应参照 GB 50242—2002 表 5.3.3 的数据选定；电缆管道的埋设坡度应不小于 0.1%。

(7) 测压管道应考虑排空，测压孔符合施工图纸要求。图纸未表明的预埋管道应减少拐弯，管线最短。

(8) 各类穿越墙壁和梁柱的管道，应加设相应的防护套管；穿过屋面的管道应有污水肩和防雨帽，并根据需要采用防水材料嵌填密实；防爆和防火管道，应采用不燃且对人体无害的柔性材料封堵；风管与混凝土、砖风道的连接口，应顺气流方向插入，并采用密封措施。

22.3.3 金属管道焊缝检验和缺陷处理

(1) 焊缝外观检查：

1) 不得有熔化金属流到焊缝处未熔化的母材上；

2) 焊缝和热影响区表面不得有裂纹、气孔、孤坑和灰渣等缺陷；

3) 管缝表面光顺、均匀，焊道与母材应平缓过渡，并应焊满。

(2) 焊缝无损检测：管道焊缝进行无损检测的方法，应按施工安装图纸或监理人的指示执行。

(3) 不合格焊缝应及时返修，同一部位的返修次数超过二次后，应重新制订返修措施，提交监理人批准。返修后应再次检验至合格。

22.3.4 管道试验

(1) 管道埋设完毕，承包人应在混凝土浇筑、工程回填或砌体砌筑前，按施工安装图纸要求进行管道试验，试验记录应提交监理人。

(2) 给水管道的强度耐压试验和严密性耐压试验的试验压力和试验持续时间，应符合 GB 50242—2002 的规定；机组辅助设备系统管路的试验压力和试验持续时间，应符合 GB/T 8546—2003 第 12.5 节的规定。

(3) 排水、雨水管道等无压管道应作灌水试验。排水管灌满水持续 15 分钟后，再灌满水观察 5 分钟；雨水管灌水持续时间 1 小时；敞口水箱满水试验静止 24 小时，均以不渗漏为合格。

22.3.5 管道的冲洗和防腐

(1) 用水冲洗的管道，应按系统达到的压力和流量进行，直至出口处的水色和透明度与入口处目测一致为合格。输送生活饮用水的管道通水水质应遵守 GB 5749—2006 的规定。

(2) 输气管道采用压缩空气吹扫，管内空气流速 5～10m/s，在气体排出口的白纸上未发现赃物和水分为合格。

(3) 油系统管道应采用与运行相同牌号的油料，以每 8 小时为循环周期进行冲洗，在温度 40～70℃ 范围内反复升降油温 2～3 次；管道经油循环冲洗后，用 200 目滤网检查，目测每平方厘米内残存的污物不超过3颗粒为合格。

（4）调速器液压管道的冲洗，应按施工安装图纸、供货商技术文件和GB/T 8564—2003附录D的要求进行。

（5）埋地敷设管道的防腐处理应遵守以下规定：

1）钢管的防腐应遵守GB 50268—2008的规定；

2）采用水泥接口的铸铁管，在有侵蚀性地下水时，应在接口处涂沥青防腐层；

3）采用橡胶接口的埋设管道，在土壤或地下水对橡胶圈有腐蚀的地段，应用沥青胶泥、沥青麻丝或沥青锯末等材料做好封闭橡胶接口。

22.3.6 预埋管道的交付验收

（1）预埋管道的交付验收应在该土建工程项目施工前，由监理人会同承包人，按隐蔽工程验收程序进行检查和验收。检查验收记录应提交监理人。

（2）预埋管道交付验收时，承包人应向监理人提交以下检查验收资料：

1）预埋管道埋设竣工图（含管道实际走线图）；

2）预埋管道材料及配件等的产品合格证、安装使用说明书和材料试验报告；

3）预埋管道安装埋设的质量检查记录和隐蔽工程验收记录；

4）监理人要求提交的其它检查验收资料。

22.4 固定件埋设

22.4.1 固定件的加工和安装埋设

（1）采用焊接固定时，不得烧伤固定件的工作面，无显著变形和位移；采用支架固定时，支架应有足够的强度和刚度。在浇筑混凝土、砖砌或回填土时，固定件应保持位置正确、牢固可靠。固定件的安装偏差应符合施工安装图纸和供货商技术文件的要求。

（2）照明设备专用盒的埋设件的四周应无缝隙，并紧贴饰面。

（3）电气部分的固定件埋设应满足施工安装图纸的要求，并遵守GB 50168—2006第4章的有关规定。

（4）固定件不得跨沉降缝和伸缩缝埋设。

22.4.2 预埋固定件的交付验收

（1）预埋固定件埋设完成后，应由监理人会同承包人，按隐蔽工程验收程序进行检查和验收。检查验收记录应提交监理人。

（2）预埋固定件验收时，承包人应向监理人提交以下验收资料：

1）预埋固定件埋设竣工图；

2）预埋固定件材料产品合格证、安装使用说明书等；

3）预埋固定件加工和安装的质量检查验收记录。

22.5 接地装置埋设

22.5.1 接地装置的安装与埋设

（1）接地体（线）采用搭接焊接，其焊缝长度和质量要求，应满足施工安装图纸的要求，应遵守GB 50169—2006第3.4.1～3.4.4条的规定，焊接后应将焊缝清理干净，并作防腐处理。

（2）埋设的接地装置应从施工安装图纸规定的地点引出，其引出位置应作明显标记，并采取防腐与保护措施。

（3）接地线通过建筑物沉降缝和伸缩缝时，应按施工安装图纸要求采取过缝处理。

（4）所有金属设备和构件，均应按施工安装图纸的要求可靠接地。利用各种金属管道、金属构件等作接地线时，保证有可靠的电气连接。

（5）承包人在施工期间应妥善保护好已敷设的接地装置。在交付验收前造成接地装置的损坏或丢失，应由承包人负责修复或重置。

22.5.2 接地装置的交付验收

（1）接地装置的隐蔽部位应在土建工程施工进程中进行安装埋设，并由监理人会同承包人进行检查及验收。隐蔽部位交付验收后，才能进行混凝土浇筑或其它砌筑回填作业。

（2）接地装置埋设全部完成后，应由监理人会同承包人进行接地装置的检查和验收，承包人应向监理人提交以下验收资料：

1）接地装置埋设竣工图；

2）接地装置材料及外购件的产品合格证和使用说明书；

3）接地装置隐蔽工程质量检查和验收记录。

22.6 预埋件埋设的验收

本工程预埋管道、预埋固定件和接地装置等预埋件，应在各相关机电设备安装前，由监理人会同承包人进行分项验收。其验收资料应列入各单项工程的完工验收资料中。

22.7 计量和支付

（1）除合同另有约定外，预埋管道按施工图纸所示尺寸计算有效长度（重量）以米（或吨）为单位计量，由发包人按《工程量清单》相应项目有效工程量的每米（或吨）工程单价支付。

（2）除合同另有约定外，永久设备预埋件的安装费用包含在《工程量清单》相应设备安装项目有效工程量的工程单价中，发包人不另行支付。除此之外，其他预埋件安装按施工图纸所示尺寸计算的预埋件有效重量以吨为单位计量，由发包人按《工程量清单》相应项目有效工程量的每吨工程单价支付。

（3）接地系统的预埋件按施工图纸所示接地装置的尺寸计算有效重量（长度）以吨（或米）为单位计量，由发包人按《工程量清单》相应项目有效工程量的每吨（或米）工程单价支付。

第 23 章 机电设备安装

23.1 一般规定

23.1.1 应用范围

本章规定适用于水利水电工程永久机电设备的安装以及机组启动试运行收等工作。安装项目见表 23-1。

23.1.2 承包人责任

(1) 承包人应负责接收发包人交付安装的全部永久机电设备、备品备件、安装专用工器具以及用于安装的各项材料，在合同约定的交货地点进行机电设备的交货验收，并由发包人会同机电设备供货商（以下简称供货商）与承包人正式办理设备交接手续。

(2) 承包人应负责上述机电设备和材料的接货卸车、清点交接、损伤签证、仓储管理、开箱检验，以及从交货地点至安装现场的运输工作。

(3) 按合同约定，承包人负责的机电设备安装工作应包括零部件加工制作；管路、埋件与接地线等的现场制作安装；二期混凝土浇筑；机电设备系统安装后的调试、试验和启动试运行；质量检查和验收，以及施工安装期和缺陷责任期的试运行、维护保养和缺陷修复等全部工作。

(4) 除合同约定由发包人提供的设备、材料外，承包人应负责提供为安装工作所需的材料、设备、检测器具和临时设施等。

23.1.3 主要提交件

(1) 机电设备安装进度计划

承包人应在机电设备安装开始前＿＿＿＿天，按监理人批准的工程施工总进度计划，编制本工程机电设备安装进度计划提交监理人批准。

安装工程进度计划应满足合同约定的完工日期要求。网络图的编制应提供下列各项数据和内容，以及与相关土建工程施工计划的接点关系。网络图应标明：

1) 作业和相应节点编号；
2) 作业持续时间；
3) 各节点的最早开始及最早完成安装的日期；
4) 各节点的最迟开始及最迟完成安装的日期；
5) 各项安装工作开始前要求完成的土建工程面貌；
6) 附资源配置及其说明（以按月所需的人工、材料、设备等资源数据）。

(2) 主要机电设备安装方案和工艺措施报告

承包人应在机电设备安装开始前，编制主要机电设备安装方案和工艺措施报告，提交监理人批准，其内容包括：

1) 安装场地和临时设施的布置及说明；
2) 本合同范围内主要及大型设备的运输、吊装方案；

3) 机组的主要部件（包括主要埋入部件）的安装程序和工艺措施等；
4) 机电设备的安装、检查、试验及试运行工作计划；
5) 机电设备安装过程的质量控制措施。
6) 施工安全及环境保护措施。
7) 监理人要求提交的其它资料。

（3）承包人要求发包人提交的机电设备和材料交货计划

承包人应根据机电设备安装进度的需要，编制一份要求发包人向承包人交付机电设备和材料的计划，提交监理人确认后，作为发包人交货的依据。

（4）安装工作进度实施报告

承包人应按合同约定和监理人的指示，定期（周、月、年）向监理人提交安装工作进度实施报告。报告内容应说明安装计划完成的形象进度、质量控制和安全施工情况、下阶段安装计划安排，以及要求发包人（或监理人）协调解决的问题。

23.1.4 引用标准

(1)《电力变压器（干式变压器）》（GB 1094.11—2007）；
(2)《火灾自动报警系统施工及验收规范》（GB 50166—2007）；
(3)《同步电机励磁系统—大中型同步发电机励磁系统技术条件》（GB/T 7409.3—2007）；
(4)《电气装置安装工程电气设备交接试验标准》（GB 50150—2006）；
(5)《电气装置安装工程电缆线路施工及验收规范》（GB 50168—2006）；
(6)《电气装置安装工程接地装置施工及验收规范》（GB 50169—2006）；
(7)《电流互感器》（GB 1208—2006）；
(8)《通信管道工程施工及验收规范》（GB 50374—2006）；
(9)《建筑电气工程施工质量验收规范》（GB 50303—2002）；
(10)《接地系统土壤电阻率接地阻抗和地面电位测量》（GB/T 17949.1—2000）；
(11)《金属封闭母线》（GB/T 8349—2000）；
(12)《电气装置安装工程低压电器施工及验收规范》（GB 50254—1996）；
(13)《电气装置安装工程起重机电气装置施工及验收规范》（GB 50256—1996）；
(14)《电气装置安装工程爆炸和火灾危险环境电气装置施工及验收规范》（GB 50257—1996）；
(15)《电气装置安装工程电气照明装置施工及验收》（GB 50259—1996）；
(16)《六氟化硫电气设备中气体管理和检测导则》（GB/T 8905—1996）；
(17)《民用闭路电视监视系统工程技术规范》（GB 50198—1994）；
(18)《电气装置安装工程盘柜及二次回路结线施工及验收规范》（GB 50171—1992）；
(19)《电气装置安装工程蓄电池施工及验收规范》（GB 50172—1992）；
(20)《电气装置安装工程电力变压器、油浸电抗器、互感器施工及验收规范》（GBJ 148—1990）；
(21)《电气装置安装工程高压电器施工及验收规范》（GBJ 147—1990）；
(22)《电气装置安装工程母线装置施工及验收规范》（GBJ 149—1990）；
(23)《变压器油国家标准》（GB 2536—1990）；

(24)《高压开关设备六氟化硫气体密封试验导则》(GB 11023—1989);
(25)《工业电视系统工程设计规范》(GBJ 115—1987);
(26)《水电厂计算机监控系统基本技术条件》(DL/T 578—2008);
(27)《大中型水轮发电机静止整流励磁系统及装置试验规程》(DL 489—2006);
(28)《大中型水轮发电机励磁调节器试验与调整导则》(DL/T 1013—2006);
(29)《大中型水轮发电机静止整流励磁系统及装置技术条件》(DL/T583—2006);
(30)《电力光纤通信工程验收规范》(DL/T 5344—2006);
(31)《接地装置特性参数测量导则》(DL/T 475—2006);
(32)《气体绝缘金属封闭输电线路技术条件》(DL/T 978—2005);
(33)《气体绝缘金属封闭开关设备现场耐压及绝缘试验导则》(DL/T 555—2004);
(34)《水电厂计算机监控系统试验验收规程》(DL/T 822—2002);
(35)《静态继电保护及安全自动装置通用技术条件》(DL/T 478—2001);
(36)《电力系统继电保护柜、屏通用技术条件》(DL/T 720—2000);
(37)《电力系统用蓄电池直流电源装置运行与维护技术规程》(DL/T 724—2000);
(38)《气体绝缘金属封闭开关设备现场交接试验规程》(DL/T 618—1997);
(39)《水电厂自动化元件及其系统运行》(DL/T 619—1997);
(40)《电力系统继电保护及安全自动装置运行评价规程》(DL/T 623—1997);
(41)《微机保护微机型试验装置技术条件》(DL/T 624—1997);
(42)《水力发电厂计算机监控系统设计规定》(DL/T 5065—1996);
(43)《电力设备典型消防规程》(DL 5027—1993);
(44)《卫星通信地球站设备安装工程施工及验收技术规范》(YD/T 5017—2005);
(45)《通信电源设备安装工程验收规范》(YD 5079—2005);
(46)《程控电话交换设备安装工程验收规范》(YD 5077—1998);
(47)《同步数字系列(SDH)光缆传输设备安装工程验收暂行规定》(YD 5044—1997);
(48)《水轮发电机组自动化元件(装置)及其系统基本技术条件》(GB/T 11805—2008);
(49)《给水排水管道工程施工及验收规范》(GB 50268—2008);
(50)《给水排水构筑物施工及验收规范》(GB 50141—2008);
(51)《气体灭火系统施工及验收规范》(GB 50263—2007);
(52)《自动化仪表工程施工质量及验收规范》(GB 50131—2007);
(53)《自动喷水灭火系统施工及验收规范》(GB 50261—2005);
(54)《桥式和门式起重机制造及轨道公差》(GB/T 10183—2005);
(55)《水轮发电机组安装技术规范》(GB/T 8564—2003);
(56)《建筑给水排水及采暖工程施工质量验收规范》(GB 50242—2002);
(57)《通风与空调工程施工及验收规范》(GB 50243—2002);
(58)《现场设备、工业管道焊接工程施工及验收规范》(GB 50236—1998);
(59)《制冷设备空气分离设备安装工程施工及验收规范》(GB 50274—1998);
(60)《压缩机、风机、泵安装工程施工及验收规范》(GB 50275—1998);

(61)《机械设备安装工程施工及验收通用规范》(GB 50231—1998);
(62)《起重设备安装工程施工及验收规范》(GB 50278—1998);
(63)《工业金属管道工程施工及验收规范》(GB 50235—1997);
(64)《水轮机调速器与油压装置试验验收规程》(GB/T 9652.2—1997);
(65)《水轮机通流部件技术条件》(GB/T 10969—1996);
(66)《L—TSA 汽轮机油》(GB 11120—1989);
(67)《水轮发电机组启动试验规程》(DL/T 507—2002);
(68)《水轮机电液调节系统及装置调整试验导则》(DL/T 496—2001);
(69)《水轮机金属蜗壳安装焊接工艺导则》(DL/T 5070—1997);
(70)《混流式水轮机分瓣转轮组装焊接工艺导则》(DL/T 571—1997);
(71)《转桨式转轮组装与试验工艺导则》(DL/T 5036—1994);
(72)《轴流式水轮机埋件安装工艺导则》(DL/T 5037—1994);
(73)《通风管道技术规程》(JGJ 141—2004);
(74)《水利水电建设工程验收规程》(SL 223—2008);
(75)《水利水电金属结构与机电设备安装安全技术规程》(SL 400—2007);
(76)《防火封堵材料的性能要求和试验方法》(CA 161—1997)。

23.1.5 安装技术文件

(1) 安装技术文件内容:

1) 发包人提供的机电设备布置总图、机电设备安装布置图、机电设计系统图、设备加工图及相关的水工建筑物施工图纸、设计说明书等(以下统称施工安装图纸);

2) 本合同引用的国家标准和行业标准;

3) 供货商提供的图纸、安装技术标准、安装作业指导书、运行维护说明书,以及其它有关的技术文件和资料(以下统称供货商技术文件);

4) 履行合同中监理人发出的指示和监理人批准的承包人提交件。

(2) 安装技术文件的提交和批准:

1) 按合同约定,由发包人提供的施工安装图纸,应在该项设备安装前,由监理人签发给承包人和(或)供货商现场代表(以下简称供货商代表);

2) 为保证机电设备安装的质量和安全,供货商应向发包人提交每项机电设备的上述第(1)项的全部安装技术文件。监理人和承包人还应有权根据安装工作需要,要求供货商代表提交补充的安装技术文件。

23.1.6 供货商代表

(1) 供货商代表应参加设备到货的清点检查,在交货验收文件及开箱检验报告上签字见证。若配置的零部件数量不足或产品存在质量问题,应由供货商代表负责处理。

(2) 供货商代表应指导承包人的安装作业;参加监理人组织的机电设备安装质量的检查、试验和试运行,检查和试验记录应由供货商代表签证。承包人应允许供货商代表进入设备安装现场检查安装质量,并查阅承包人的安装记录和检测资料。

(3) 承包人在设备安装中需要调用备品备件,应经监理人审批和供货商代表签认。若备品备件不足,需要补充供货时,应由发包人责成供货商代表解决。

(4) 定期向监理人提交现场工作报告。承包人可根据安装工作的需要,要求供货商代表补充提交相关的技术文件和资料。

23.1.7 机电设备的交付和接收

（1）供货商产地机电设备的交付和接收。按合同约定，在供货商产地就地交付的产品及有关的技术文件等，应由发包人会同承包人，根据供货商的供货清单，与供货商共同清点无误后，就地办理交付和接收手续。承包人还应对上述设备、材料等的装卸、运输、保管直至运抵工地储存的全过程负责。

（2）工地现场机电设备的交付和接收。按合同约定，在现场交付的产品及其技术文件，应由监理人会同供货商代表和承包人，根据供货商的供货清单，共同检查清点无误后，在现场办理交付和接收手续。

23.1.8 机电设备的现场运输和仓储管理

（1）承包人在接收机电设备后，应对接收的产品及其技术文件的到货卸车、损伤签证、沿程保护，吊运入库、现场运输和仓储保管承担责任。

（2）对有保温（或恒温）、防潮和防锈蚀要求的设备、部件和特殊材料，承包人应按供货商技术文件要求，采取特殊保护措施。

（3）对露天存放或在安装场地临时存放的设备和部件，应由承包人进行覆盖保护和采取存放场地的排水措施。

23.1.9 机电设备安装场地和辅助设施

（1）承包人应按监理人批准的机电设备安装工艺措施报告的要求，统一布置机电设备安装专用场地与设备临时储存场所。

（2）承包人应按监理人批准的机电设备安装进度计划，提出机电设备安装使用场内桥机、桅杆、门机、缆机、电梯等起重、运输设备，以及对混凝土浇筑、供电、供水、供风、试验、修配加工、照明、通信等辅助设施的使用计划提交监理人，由监理人组织协调解决土建施工与机电设备安装使用场地和辅助设施的矛盾。

（3）安装场地的温度不宜低于5℃，湿度不宜高于85％。主厂房安装场地内的发电机定子和转子组装工位范围内，承包人应采取有效的防潮、防尘、保温及防火等措施，以形成适应于发电机定子和转子组装技术要求的良好环境。

（4）机电设备部件的组装和总装配场地在安装全过程都必须保持清洁。安装完毕后，必须对机组各部位进行清扫和检查，不允许残留灰尘、油污、杂物等不洁物。

23.1.10 机电设备安装前开箱清点和检查

（1）机电设备安装前，应由监理人会同承包人和供货商代表进行机电设备的开箱清点和检查，清点检查记录应由各方签认。到货设备（包括零部件、材料、安装工器具及随机技术文件等）应符合供货清单所列的型号、规格和数量，以及其它相关技术文件。

（2）安装前需要进行检测和试验的设备及部件，应由承包人会同监理人和供货商代表进行检测和试验，经检测试验合格，才可进行安装。检测和试验成果应提交监理人。

23.1.11 机电设备的缺陷处理

（1）安装过程中发现的设备缺陷，应由监理人会同承包人和供货商代表共同进行复查，经复查确认设备缺陷属于制造原因，应由供货商负责修复。凡能在现场修复的，应由供货商或委托承包人负责，修复费用由供货商承担。

（2）缺陷修复后，承包人应协助供货商代表编写"设备缺陷检查和修复报告"，经监理人、承包人和供货商代表共同签字后作为机电设备质量验收的附件。

23.1.12 机电设备安装的检查、试验和验收

承包人完成各单项机电设备安装后，经自检合格，应按批准格式做好记录提交监理人。由监理人会同承包人和供货商代表（或其它有关单位），按施工安装图纸、供货商技术文件和相关技术规范，进行检查、试验和验收。检查、试验和验收报告作为机组启动试运行前的验收资料。

23.2 一般技术要求

23.2.1 安装作业安全

（1）承包人应在设备安装开始前，按本技术条款第3章"施工安全措施"及 SL 400—2007 的规定，编制一份"机电设备安装工程安全措施文件"，提交监理人批准。其内容包括：

　　1）机电设备安装作业安全规定；
　　2）机电设备运输和装卸作业安全措施；
　　3）重大设备部件吊装作业安全措施；
　　4）现场用电作业安全措施；
　　5）机修作业安全措施；
　　6）现场焊接作业安全措施；
　　7）高空作业安全措施；
　　8）涂装作业安全措施；
　　9）压缩空气作业安全措施；
　　10）油处理作业安全措施；
　　11）机动车驾驶安全规定；
　　12）安全警示标志；
　　13）安全防护用品使用规定；
　　14）防火、防爆、防汛及安全措施等。

（2）承包人应编制"机电设备安装作业安全手册"提交监理人批准。作业安全手册应发给安装作业人员人手一册。全部安装人员应经过安全培训和考核，考核不合格者不准上岗。

23.2.2 计量器具、检测仪表和自动化元件

（1）各种计量器具均应具有产品合格证，并应经具备校验资质证书的专业检测单位检验和标定。全部计量器具在有效期内的检测精度不低于被测对象要求的精度。

（2）承包人应对使用的计量器具和检测仪表进行校测复验，不合格的器具和仪表应及时更换。

（3）机组、电气设备的检测仪表和自动化元件，均应按供货商技术文件及 GB 50131—2007、GB/T 11805—2008 的规定进行检验合格后，才能安装使用。

23.2.3 预埋件埋设

（1）预埋件的埋设按本技术规范第22章规定执行。

（2）机电设备预埋件埋设完成后，应由监理人会同承包人按施工安装图纸要求进行检查验收，并共同在检查验收单上签字。

23.2.4 设备和零部件的现场制作

按合同约定在现场制作的设备和零部件,应由承包人按施工安装图纸和(或)监理人批准的加工图进行制作,并在安装前,由监理人负责检查和验收。经监理人检验合格并签认后,才能投入使用。

23.2.5 焊接

(1) 承包人的焊工应持有国家或行业颁发相应的合格证书。当供货合同中规定有特殊焊接要求时,承包人应对焊工进行专项培训与试焊考核,考核合格者才准上岗。

(2) 承包人从事焊缝无损检测的人员应持有国家或行业颁发的专业合格证书,才能从事相应的焊缝检测工作。

(3) 重要设备和部件的焊接,承包人应按焊接工艺评定或供货商技术文件制订的焊接工艺进行。

(4) 重要设备和部件的焊接焊缝,承包人应按供货商安装技术文件的规定进行外观检查和无损检测。焊缝质量经评定合格,并按规定的格式做好焊缝外观检查记录和无损检测报告提交监理人。经监理人、承包人和供货商代表签认后,作为设备安装验收资料。

23.2.6 安装偏差

机电设备安装及其基础预埋件,以及电缆桥架和管道等支吊架的安装的偏差均应控制在施工安装图纸和供货商技术文件规定的允许范围内。

23.2.7 机电设备的安装试验

所有机电设备均应按施工安装图纸、供货商技术文件的要求和相关规范的规定进行安装试验。其中主要机电设备的安装、调试、试验应在供货商代表的指导下进行。承包人在完成每项机电设备的安装试验后,应按批准的格式和内容编写项目安装试验报告提交监理人。

23.2.8 耐压试验与渗漏试验

(1) 机组承压设备及连接件的耐压试验与渗漏试验,其试验要求应遵守GB/T 8564—2003第12.5节的规定。

(2) 建筑给排水系统和消防系统的耐压试验与渗漏试验应遵守GB 50242—2002的有关规定。

(3) 试验结束后,承包人应将试验记录提交监理人。

23.2.9 涂装

(1) 承包人接收机电设备时,应对设备表面涂装的保护层质量进行检查,若发现有损伤部位应由供货商负责处理。

(2) 需由承包人涂装的设备、管道和附件,其表层的除锈等级和涂装要求、应符合施工安装图纸和供货商技术文件的要求。

(3) 各项设备和附件的涂装颜色应与其电站厂房和设备房间的建筑装饰相协调,并符合设备及附件的标识要求。

23.2.10 运行标识

全部机电设备安装完毕后,承包人应协助发包人完成全厂的运行标识工作,其主要内容包括:

(1) 设备安全标识;

(2) 设备操作指示;

(3) 管路识别标示；

(4) 管路介质流向标识；

(5) 消防安全标识；

(6) 人身安全警示；

(7) 通行安全指示；

(8) 发包人要求提供的其它标识。

23.3 水轮发电机组及其附属设备安装

本节规定适用于混流式水轮机组和轴流式水轮机组，其它型式的机组可参照执行。

23.3.1 水轮机

(1) 埋入部件：

1) 埋入部件安装应定位准确；基础板、拉紧器等固定件应加固牢靠；

2) 埋入部件与混凝土结合的外表面应无污染和严重锈蚀、埋入部件的过流面焊缝应磨光，过流表面的粗糙度，应遵守 GB/T 10969—1996 的规定，埋入部件与混凝土连接的过流表面应平滑过渡；

3) 埋入部件的安装程序、工艺要求和允许偏差，应遵守供货商技术文件和 GB/T 8564—2003 第 5.1 节和 DL/T 5037—1994 的规定；

4) 座环和金属蜗壳的现场组装、焊接和焊缝检测，应遵守供货商技术文件、GB/T 8564—2003 第 5.1.3～5.1.9 条和 DL/T 5070—1997 的规定；

5) 混凝土蜗壳的钢衬需经煤油渗漏试验检查，焊缝应无贯穿性裂纹；

6) 按合同要求进行蜗壳水压试验，则承包人应按供货商技术文件和 GB/T 8564—2003 第 5.1.10～5.1.12 条的规定，制定蜗壳水压试验大纲，提交监理人批准；

7) 蜗壳上游或进水阀上游延伸段与压力钢管凑合节的焊接应考虑焊缝的收缩量，以严格控制焊接变形。焊接后的焊缝，应按 GB/T 8564—2003 第 5.1.9 条的要求做焊缝外观检查及焊缝无损探伤。检查和探伤报告应提交监理人。

(2) 转轮装配：

1) 转轮装配，应遵守 GB/T 8564—2003 第 5.2 节的规定；

2) 混流式水轮机分瓣转轮的组装焊接，应遵守 DL/T 5071—1997 的规定；

3) 转桨式转轮的组装与试验，应遵守 DL/T 5036—1994 的规定。

(3) 导水机构：

1) 导水机构的安装程序、工艺要求和允许偏差，应遵守 GB/T8564—2003 第 5.3.1～5.3.3 条的规定；

2) 导叶接力器（含单导叶接力器）的严密性耐压试验、导叶及接力器安装调整，应遵守 GB/T 8564—2003 第 5.5.1～5.5.4 条的规定。装有导叶分段关闭装置的导叶接力器，其关闭规律应遵守供货商技术文件的规定。

(4) 转动部件：水轮机转动部件的就位安装，应遵守 GB/T 8564—2003 第 5.4 节的规定。

(5) 水导、主轴密封及其它附件：

1) 水轮机的水导轴承及其（或外）循环油冷却系统设备、主轴工作密封和检修密封、顶盖排水设备和机坑内管路、管件以及自动化元件的安装程序和工艺要求，应遵守 GB/T 8564—2003 第 5.6 节的规定。

2) 水轮机机坑内的环行电动葫芦、通道盖板、支架及扶梯，尾水管排水阀及管道，蜗壳排水阀和排气补气装置及管道等附件的安装，应遵守 GB/T 8564—2003 第 5.7 节的规定。

(6) 水轮机的检查、试验和验收，应按 GB/T 8564—2003 附录 A.2、GB/T 11805—2008、DL/T 5071—1997、DL/T 5036—1994 等规范及本章第 23.1.12 条的规定进行。

23.3.2 发电机

(1) 机架组合：

1) 焊接式机架或分瓣式承重机架的组合，应遵守 GB/T 8564—2003 第 9.1 节的规定；

2) 上、下机架基础预埋件的安装高程和方位，应遵守施工安装图纸的规定。

(2) 推力轴瓦研刮：

1) 推力轴瓦、镜板工作面的检查，应遵守 GB/T 8564—2003 第 9.2.1 条和第 9.2.2 条的规定；

2) 现场研刮的推力轴瓦，应遵守 GB/T 8564—2003 第 9.2.3 条的规定。

(3) 定子装配：

1) 在工厂内完成叠片的分瓣定子组装以及组装后的定子圆度，应遵守 GB/T 8564—2003 第 9.3.1～9.3.2 条的规定；

2) 现场叠片的定子安装程序，应遵守 GB/T 8564—2003 第 9.3.3～9.3.17 条的规定；

3) 定子线圈或线棒嵌装的电气试验，应遵守 GB/T 8564—2003 第 14.1～14.3 节的规定；

4) 定子基础预埋件的安装高程和方位应按施工安装图纸的规定执行；

5) 定子吊入机坑前，应由监理人会同承包人和供货商代表对定子安装就位、机座混凝土基础，以及电气试验结果等进行检查。检查记录应提交监理人。

(4) 转子装配：

1) 转子轮毂与主轴热套，应遵守 GB/T 8564—2003 第 9.4.1 条的规定；

2) 转子中心体的检查和调整，应遵守 GB/T 8564—2003 第 9.4.2 条的规定；

3) 轮臂的组装和检查，应遵守 GB/T 8564—2003 第 9.4.3 条的规定；

4) 圆盘式结构转子支架的组装和焊接要求，应遵守 GB/T 8564—2003 第 9.4 条和第 9.5 条的规定；

5) 磁轭冲片和通风槽片的检查，应遵守 GB/T 8564—2003 第 9.4.6 条的规定；

6) 制动环扳、磁轭冲片、径向磁轭键、测量磁轭圆度等的安装要求，应遵守 GB/T 8564—2003 第 9.4.7～9.4.10 条的规定；

7) 磁极挂装，以及磁极挂装前、后的检查，应遵守 GB/T 8564—2003 第 9.4.11～9.4.13 条的规定；

8) 磁极接头连接和励磁引线安装、风扇安装和阻尼环接头连接，应遵守 GB/T 8564—2003 第 9.4.14～9.4.16 条的规定；

9) 转子吊入机坑前的试验，应遵守 GB/T 8564—2003 第 14.4 节和第 14.5 节的规定。

10) 监理人应会同承包人和供货商代表共同检查确认具备转子就位条件后，才可将转子吊入定子内就位安装，检查记录应提交监理人。

(5) 总体安装：

1) 机架安装，应遵守 GB/T 8564—2003 第 9.5.1 条的规定；

2) 定子安装方位应与发电机主引出线和中性点引出线方位相符合。定子安装应遵守 GB/T 8564—2003 第 9.5.3 条规定；

3) 转子中心和安装高程的偏差值，应遵守 GB/T 8564—2003 第 9.5.4 条的规定；

4) 推力头的安装，应遵守 GB/T 8564—2003 第 9.5.5 条的规定；

5) 各种结构型式的推力轴瓦的调整，应遵守 GB/T 8564—2003 第 9.5.6 条的规定；

6) 盘车检查调整机组轴线，应遵守 GB/T 8564—2003 第 9.5.7 条的规定；

7) 发电机导轴承及其油槽、推力轴承的高压油顶起装置和外循环油冷却系统装置、悬吊式机组推力轴承各部位或部件的绝缘电阻测试、制动器及其管路系统、空气冷却器及其管路系统、测温装置和集电环、上部罩等部件及附件的安装程序和工艺要求，应遵守 GB/T 8564—2003 第 9.5.2 条、第 9.5.8~9.5.15 条的规定；

8) 发电机主引出线和中性点引出线与相关设备应按施工安装图纸的要求进行连接，并应遵守 GBJ 149—1990 的规定。

(6) 发电机的检查、试验和验收，应按 GB/T 8564—2003 附录 A.2 和第 14 章、GB 50150—2006、GB 11805—2008 等规范及本章第 23.1.12 条的规定进行。

23.3.3 调速器及其操作系统

(1) 调速器及其操作系统设备应按施工安装图纸的要求进行安装，并应遵守 GB/T 8564—2003 第 8.1 节和第 8.2 节的规定。

(2) 调速系统压力油罐试验及其管道的制作、冲洗、安装及试验，应施工安装图纸的要求进行，并应遵守 GB/T 8564—2003 第 12 章的规定。

(3) 调速系统用油牌号和各项指标，应满足供货商技术文件的要求，并应遵守 GB 11120—1989 的规定。

(4) 调速器及其操作系统的检查、试验和验收，应按 GB/T 8564—2003 第 8.1 节、第 8.3 节和第 8.4 节、GB 50150—2006、DL/T 496—2001、GB/T 9652.2—1997 等规范及本章第 23.1.12 条的规定进行。

23.3.4 进水阀及其操作系统

(1) 进水阀应按施工安装图纸和供货商技术文件进行安装，并应遵守 GB/T 8564—2003 第 13.1 节和第 13.2 节的规定；伸缩节安装应遵守 GB/T 8564—2003 第 13.3 节的规定。

(2) 进水阀压力油罐试验和压力管路的制作、冲洗和安装，应遵守 GB/T 8564—2003 第 12 章的规定。

(3) 预埋管道通过沉降缝或伸缩缝时，必须按施工安装图纸要求做过缝处理。

(4) 进水阀操作系统用油牌号和各项指标，应遵守 GB 11120—1989 的规定。

(5) 进水阀、旁通管路及其阀门、管件、承压元件等应按进水阀设计压力作严密性试验；空气阀止水面应作密封试验。上述试验记录应提交监理人。

(6) 进水阀及其操作系统的检查、试验和验收，应按 GB/T 8564—2003 第 13 章和 GB 50150—2006 等规范及本章第 23.1.12 条的规定进行。

23.3.5 励磁系统

(1) 励磁系统的安装，应遵守 GB/T 8564—2003、GB/T 7409.3—2007 的规定。

(2) 励磁系统电缆敷设及盘内配线，应遵守 GB 50168—2006 和 GB 50171—1992 的规定。

(3) 励磁系统的检查、试验和验收，应按 GB/T 8564—2003 附录 A.2、GB/T 7409.3—2007、DL/T 489—2006、DL/T 583—2006、DL/T 1013—2006、GB 50171—1992 等规范及本章第 23.1.12 条的规定进行。

23.4 水力机械辅助设备系统安装

水力机械辅助设备系统包括技术供水系统、排水系统、全厂压缩空气系统、透平油系统、绝缘油系统、电站水力监视测量系统等。

(1) 承包人应协助监理人按本章第 23.2.3 条的规定，对即将被隐蔽的各项埋设管路、埋件及基础进行检查验收。

(2) 由承包人在现场配置的各种容器、管道和管件、设备基础等的制作安装应满足施工安装图纸要求，并遵守 GB 50235—1997、GB 50236—1998、GB/T 8564—2003 第 12 章的规定。

(3) 油、气系统及有特殊要求的水系统的钢管对口焊接，应采用氩弧焊封底，电弧焊盖面的焊接工艺；管道外径 $D \leqslant 50\text{mm}$ 的对口焊接采用全氩弧焊。

(4) 设备与电动机联轴器的径向位移、端面间隙、轴线倾斜等均应满足供货商技术文件的要求，并遵守 GB 50275—1998、GB 50231—1998 的规定。

(5) 各项辅助设备电气装置的安装，应遵守 GB 50254—1996 的规定。

(6) 透平油的各项质量指标，应遵守 GB 11120—1989 的规定；绝缘油的各项质量指标及对混合油的要求，应遵守 GB 50150—2006 第 19.0.1～19.0.3 条的规定。

(7) 油系统的滤油、验油和充油，应遵守 GB 11120—1989、GB 2536—1990 和 GB 50150—2006 的规定。

(8) 水力机械辅助设备系统安装完毕后，应按本章第 23.1.12 条的规定进行检查、试验和验收。各系统运行应正常，各项参数满足设计要求，设备无有害振动和不良噪声。

23.5 发电机电压配电设备安装

23.5.1 发电机断路器及其附属设备

(1) 安装前应检查所有部位和附件应齐全，无损伤变形及锈蚀；绝缘部件应无裂缝、无剥落或破损，绝缘良好。基础及所有组件就位正确、安装牢固、接地可靠。

(2) 组件按规定编号顺序进行组装，并按供货商技术文件要求选用吊装器具、吊点以及吊装程序。

(3) 与封闭母线连接时不应使母线及外壳受到机械应力。

(4) 导电接触面无氧化层，清洗干净。电气连接应可靠且接触良好，断路器及其操作机构的联动应正常。

(5) 调整后操作机构的联合动作的各项参数，应符合供货商技术文件的规定。

(6) 发电机断路器及其附属设备的检查、试验和验收，应按 GB 50150—2006、GBJ

147—1990、GB 50171—1992 等规范及本章第 23.1.12 条的规定进行。

23.5.2 发电机主引出线及相关设备

（1）母线：

1）各段标志（母线编号等标志）应清晰、正确。附件齐全，母线无裂纹、折皱、夹杂物及变形等缺陷；

2）硬母线的加工，应遵守 GBJ 149—1990 第 2.2 节的有关规定；

3）母线在支柱绝缘子上固定时，固定金具与支柱绝缘子的固定应平整牢固，不应使母线受到额外应力；

4）管形母线安装在滑动式支持器上时，支持器的轴线与管形母线间应有 1~2mm 间隙，母线终端应有防晕措施；

5）硬母线的安装，还应遵守 GBJ 149—1990 第 2.3 节的有关规定。其中封闭母线的安装，应遵守 GB/T 8349—2000 第 7.10 节的规定。

（2）励磁变压器、厂用变压器及各类组合柜：

1）变压器本体及所有附件应齐全，无锈蚀、无损坏，绝缘良好；

2）基础埋件应正确；

3）与母线的连接不应使母线及外壳受到机械应力。软连接部分不得有折损、表面凹陷及锈蚀；

4）互感器的变比分接头位置和极性应正确；

5）二次接线端子应连接牢固，绝缘良好，标志清晰。

（3）发电机主引出线及相关设备的检查、试验和验收，应按 GBJ 147—1990、GBJ 148—1990、GBJ 149—1990、GB 50171—1992、GB 50169—2006、GB/T 8349—2000、GB 1208—2006、GB 50150—2006 等规范及本章第 23.1.12 条的规定进行。

23.6 电力变压器及其附属设备安装

（1）承包人应按 GBJ 148—1990 第 2.4.1~2.4.5 条要求，对变压器器身进行检查。检查完毕后，必须用合格的变压器油进行冲洗，并清洗油箱底部，不得有遗留杂物。

（2）变压器干燥条件，应遵守 GBJ 148—1990 第 2.5 节的要求。

（3）变压器的高压侧和高压开关（或架空线）的连接、以及低压侧和母线的连接，应按供货商技术文件对消除相互连接中心线偏差的要求，进行调整至合格为止。

（4）变压器本体及附件的就位安装，应遵守 GBJ 148—1990 第 2.6 节的规定。

（5）对 220kV 及以上的变压器应做真空处理后进行真空注油。

（6）承包人应按 GBJ 148—1990 第 2.8.1~2.8.4 条的规定进行热油循环补油和静置。

（7）变压器的整体密封试验，应遵守 GBJ 148—1990 第 2.9.1 条的规定。

（8）变压器中性点设备安装，应遵守 GBJ 147—1990 的规定。

（9）变压器轨道及埋件安装，应遵守本章第 23.14.1 条的规定。

（10）变压器及其附属设备的检查、试验和验收，应按 GBJ 147—1990、GBJ 148—1990、GB 50150—2006、GB 50169—2006、GB 50171—1992 等规范及本章第 23.1.12 条的规定进行。

23.7 开关站及其进（出）线设备安装

23.7.1 气体绝缘金属封闭开关设备（GIS）

（1）GIS 各元件的装配必须按供货商技术文件规定的图样、编号和程序进行，编号不得混淆，接线与图样相符。

（2）机械闭锁及电气闭锁和联锁应进行多次试验，每次试验均应做好记录。

（3）GIS 设备的安装和调整，应遵守 GBJ 147—1990 第 5.2 节的规定。

（4）SF6 气体管理和充注，应遵守 GBJ 147—1990 第 5.3 节的规定。

（5）各间隔的接地连线，以及 GIS 接地装置与接地网的连接牢固、可靠。

（6）GIS 设备的检查、试验和验收，应按 GB 50150—2006、GBJ 147—1990、GB 11023—1989、DL/T 555—2004、DL/T 618—1997 等规范及本章第 23.1.12 条的规定进行。

23.7.2 气体绝缘输电管道母线（GIL）

（1）法兰连接结构：

1）法兰连接结构的就位和组装，应清洁整个管道内壁，并在导体触头上和 O 型密封圈涂润滑脂；

2）在法兰对角孔上，将导向杆插入对接后，将螺栓紧固到预定力矩。随后安装基础座上的导向限制块或固定支座的固定螺栓；

3）完成一个完整气隔段安装后，抽真空及充 SF6 气体，并检测泄漏；

4）GIL 外壳接地方式采用全连式多点接地。短路排与明敷地面接地铜排采用铜铝过渡方式相连，接地铜排与全厂接地网相接。短路排处及所有钢支撑座均可靠接地；

5）未在工厂进行试验的压力释放阀，到现场后应进行试验与调整。

（2）焊接连接结构，承包人应配合供货商代表进行以下现场对口焊接的辅助工作：

1）埋设在混凝土内的 GIL 设备基础埋件；

2）安装 GIL 专用接地铜母线、该铜母线与电站接地系统的连接；

3）现地信号汇接箱与电站计算机监控系统连接。

（3）GIL 管道母线的检查、试验和验收，应按 GB 11023—1989、GB 50150—2006、DL/T 555—2004、DL/T 618—1997、DL/T 978—2005 等规范及本章第 23.1.12 条的规定进行。

23.7.3 高压电缆

（1）电缆支架的安装应固定牢固、无显著变形，全长应有良好接地。

（2）当采用机械敷设电缆时，应控制电缆承受的拉力、敷设速度不超过 GB 50168—2006 第 5.1 节规定的限值。

（3）在复杂条件下用机械敷设大截面电缆时，应编制施工措施，确定敷设方法、线盘架设位置、电缆牵引方向，校核牵引力和侧压力，配备敷设人员和机具。

（4）电缆终端安装，应遵守 GB 50168—2006 第 6.2 节的要求，电缆终端、接头均不应有渗漏。

（5）高压电缆的检查、试验和验收，应按 GB 50168—2006、GB 50150—2006 等规范及本章第 23.1.12 条的规定进行。

23.7.4 敞开式电气设备

(1) 断路器及其操作机构应按施工安装图纸和本章第 23.5.1 条的有关规定进行安装。

(2) 隔离开关：

1) 隔离开关的组装，其相间距离的误差、支柱绝缘子垂直度、传动装置的安装与调整应符合供货商技术文件及 GBJ 147—1990 规定，相间连杆应在同一水平线上；

2) 隔离开关触头应接触紧密良好。合闸时三相不同期值、相间距离及分闸时触头打开角度和距离应符合产品技术标准的要求；

3) 操动机构、传动装置、辅助开关及闭锁装置应安装牢固，动作灵活可靠，位置指示正确，无渗漏。隔离开关触头及操动机构的金属传动部件应有防锈措施。

(3) 电容式电压互感器：

1) 互感器必须根据产品成套供应的组件编号进行安装。各组件连接接触面应无氧化层，并涂以电力复合脂；

2) 起吊分压电容器及电磁单元时，必须利用电磁单元油箱上的吊耳起吊。互感器与基础紧固应注意因螺栓局部过紧造成底盖变形而引起的绝缘油渗漏；

3) 互感器整体倾斜度不得大于高度的 2‰；

4) 互感器安装，还应遵守 GBJ 148—1990 的规定。

(4) 避雷器：

1) 避雷器各元件分件，组装编号；避雷器垂直度应与设备供货商技术文件相符；

2) 每台避雷器的支撑绝缘子应受力均匀，并注意放好绝缘套及绝缘垫；

3) 避雷器各连接处接触面去除氧化膜，涂敷电力复合脂，接触良好；

4) 避雷器，还应遵守 GBJ 147—1990 的规定。

(5) 软导线：

1) 软导线安装长度采用麻绳实际量取，其弧垂度允许偏差小于 10%，并符合室外配电装置的电气安全距离要求；

2) 导线与线夹采用液压压接，压接前先清洗线夹内表面。软导线穿管部分用钢丝刷清理干净氧化层，用清洗剂清洗后涂敷电力复合脂；

3) 插入线夹铝管内的铝导线，注意线夹方向及加工面和导线的弯曲方向。选择合适的模具进行压接，施压时相邻两模应重叠 5mm。首次模压后，检查对边尺寸应符合标准，飞边应修平、磨光；

4) 导线与设备连接后用 0.05mm 塞尺检查，塞入深度应小于 6mm；

5) 导线与设备连接后导线弧垂、驰度要符合施工安装图纸要求。

(6) 硬母线的安装应遵守 GBJ 149—1990 第 2.3 节及参照本章第 23.5.2 条的有关规定。

(7) 敞开式电气设备的检查、试验和验收，应按 GBJ 147—1990、GBJ 148—1990、GBJ 149—1990、GB 50150—2006、GB 50169—2006、GB 50171—1992 等规范及本章第 23.1.12 条的规定进行。

23.7.5 高压并联电抗器及其附属设备

(1) 电抗器及其附属设备的安装，应遵守 GBJ 148—1990 及参照本章第 23.6 节的有关规定。

(2) 电抗器及其附属设备的检查、试验和验收，应按 GBJ 148—1990、GB 50150—

2006、GB 50169—2006、GB 50171—1992 等规范及本章第 23.1.12 条的规定进行。

23.8 厂用电系统安装

23.8.1 厂用变压器

厂用变压器的检查、试验和验收，应遵守 GBJ 148—1990、GB 1094.11—2007、GB 50150—2006、GB 50169—2006 和 GB 50171—1992 等规范及本章第 23.1.12 条的规定进行。

23.8.2 柴油发电机组

柴油发电机组的检查、试验和验收，应按 GBJ 147—1990、GBJ 148—1990、GBJ 149—1990、GB 50168—2006、GB 50169—2006、GB 50170—2006、GB 50171—1992 和 GB 50150—2006 等规范及本章第 23.1.12 条的规定进行。

23.8.3 高、低压开关柜

（1）屏、柜及端子箱基础应按施工安装图纸要求与接地网可靠连接。

（2）高、低压开关柜的检查、试验和验收，应按 GBJ 147—1990、GBJ 149—1990、GB 50150—2006、GB 50169—2006 和 GB 50171—1992 等规范及本章第 23.1.12 条的规定进行。

23.9 照明系统安装

（1）照明管路的埋设应按施工安装图纸要求埋设，电缆导管的安装详见本技术条款第 22 章第 22.3 节。

（2）配线前，应进行各回路的绝缘检查，绝缘电阻值应符合现行国家标准的有关规定。电线、电缆的回路标记清晰，接地可靠。

（3）照明系统的检查、试验和验收，应按施工安装图纸、供货商技术文件和 GB 50303—2002、GB 50259—1996 等规范及本章第 23.1.12 条的规定进行。

23.10 接地系统安装

（1）承包人应负责接地体、接地连接件的制作和接地装置的敷设。

（2）接地装置的埋设部分隐蔽前，承包人会同监理人共同检查埋设质量，做好中间检查。发现质量不合格的，承包人应进行修复。

（3）承包人应按施工安装图纸要求，进行电气设备、构架、基础和辅助装置的工作接地、保护接地和防雷接地，以及所有明敷接地线及接地引线的敷设和连接。

（4）已完工的接地系统应进行初步测试，如测试值不能满足施工安装图纸要求时，应由监理人会同承包人及有关方面采取措施解决，并提交"接地系统初步测试报告"。

（5）全厂接地系统完工后，承包人应会同监理人及有关部门，对全厂接地系统的接地电阻、接触电位差、跨步电位差以及接地网的连通等进行全面检查、测试和验收，并提交"全厂接地系统测试报告"。

（6）接地系统的检查、试验和验收，应按 GB/T 17949.1—2000、DL/T 475—2006、GB 50169—2006 等规范及本章第 23.1.12 条的规定进行。

23.11 控制保护系统安装

23.11.1 计算机监控系统

（1）计算机监控系统应在供货商代表指导下，由承包人负责安装。工作内容包括主计算机及服务器、运行人员操作台和操作员工作站、模拟屏、网络和通信设备、音响报警和语音自动告警系统设备、工程师/培训站、GPS（卫星同步时钟系统）设备、现地控制单元屏柜、电源柜等。

（2）承包人应在供货商代表的指导下进行计算机监控系统的外部输入/输出回路正确性的验证试验，以及系统的调试、调整和测试等现场试验。现场试验应遵守 GB 50150—2006、DL/T 822—2002 的规定。

（3）计算机监控系统的安装，应遵守 GB 50171—1992、GB 50168—2006、DL/T 5065—1996、DL/T 578—2008 的规定和电站运行要求。

23.11.2 机组状态监测系统

（1）机组状态监测系统应在供货商代表指导下，由承包人负责安装。工作内容包括各类传感器、数据采集设备和上位机设备，以及电缆和光缆敷设、电缆接线和光纤熔接工作。

（2）承包人应在供货商代表指导下进行机组状态监测系统的的调试、调整和测试。现场试验包括数据采集功能测试、应用功能测试、通信功能测试和系统性能测试等。

（3）机组状态监测系统的安装，应遵守 GB 50171—1992、GB 50168—2006 的规定。

23.11.3 继电保护和安全自动装置

（1）承包人应负责全厂继电保护和安全自动装置屏（柜）的安装、电缆和光缆的敷设、光纤熔接、屏侧电缆接线和相关设备的二次回路接线等工作。

（2）承包人应在供货商代表的指导下，进行继电保护和安全自动装置输入/输出回路正确性验证试验，绝缘电阻试验、二次回路耐压试验、电流电压互感器伏安特性试验和极性检查，其工作内容包括进行装置测试和调整、定值设定、模拟试验、电流电压试验、单机调试和联调、性能试验等。

（3）继电保护设备和安全自动装置的安装和试验，应遵守 GB 50171—1992、GB 50168—2006、DL/T 478—2001、DL/T 619—1997、DL/T 623—1997、DL/T 624—1997 和 DL/T 720—2000 的规定。

23.11.4 直流系统设备

（1）直流系统设备的安装工作内容包括蓄电池组、充电柜、直流配电屏（柜）的安装及直流配电系统的电缆敷设和接线工作。

（2）承包人应在供货商代表的指导下，进行直流电源设备的外部输入/输出接线正确性验证试验、耐压及绝缘试验等。

（3）承包人在供货商代表的指导下，进行系统的调试和现场试验，试验项目包括绝缘监察及信号报警试验、蓄电池组容量试验、充电装置稳流精度测量、充电装置稳压精度测量、充电装置纹波系数测量、直流母线连续供电试验、微机控制自动转换程序试验等。

（4）直流系统设备的安装和试验，应遵守 GB 50171—1992、GB 50168—2006、GB 50172—1992、GB 50150—2006 和 DL/T 724—2000 的规定。

23.11.5 工业电视系统

（1）工业电视系统的安装包括电视系统设备安装、电缆和光缆的敷设、电缆接线、光纤熔接等工作。

（2）承包人应配合供货商代表进行工业电视系统的现场试验，其工作内容包括摄像机单体调试、系统调试、联动控制功能试验、网络功能试验等。

（3）工业电视系统的安装，应遵守 GB 50198—1994 和 GBJ 115—1987 的规定。

23.11.6 管理信息系统

（1）承包人应在供货商代表指导下，进行管理信息系统的安装。其工作内容包括数据服务器、Web 服务器、电子邮件服务器、网管工作站、网络交换机、防火墙等。

（2）承包人应配合供货商代表进行画面显示及修改、数据库数据修改、自诊断核实、与实时系统的数据通信试验，并进行管理信息系统的检测等现场试验工作。

（3）管理信息系统的安装，应遵守 GB 50171—1992、GB 50168—2006 的规定。

23.11.7 通风空调监控系统

（1）承包人应在供货商代表指导下，进行通风空调监控系统进行通风空调监控系统设备的安装。其工作内容包括上位机、通风空调现地控制箱（柜）、网络和通信设备、温湿度各类传感器等。

（2）承包人应配合供货商代表进行通风空调监控系统的调试、调整和测试等现场试验。其工作内容包括数据采集功能测试、应用功能测试、通信功能测试、系统性能测试等。

（3）通风空调监控系统设备的安装，应遵守 GB 50171—1992、GB 50168—2006 的规定。

23.11.8 其它二次回路设备

（1）其它二次回路设备的安装包括机组附属设备、机械辅助设备和其它设备的控制柜、控制箱、测量柜、计量柜、端子箱等。

（2）其它二次回路设备的现场试验应包括输入/输出正确性验证试验、电源试验、绝缘电阻试验、二次回路耐压试验、电流电压互感器伏安特性试验和极性检查、模拟量零漂和精度检查、连续通电试验等的试验项目。

（3）其它二次回路设备的安装、试验应遵守 GB 50171—1992、GB 50168—2006 和 GB 50150—2006 等规范的规定。

23.11.9 控制保护系统的联调和验收

控制保护系统各单元工程的现场试验、系统联调和验收，应按 GB 50171—1992、GB 50172—1992、GB 50168—2006、DL/T 822—2002、DL/T 724—2000 等规范及本章第 23.1.12 条的规定进行。

23.12 通信系统安装

（1）通信系统设备的安装，还应满足电力系统和（或）电信系统的接入系统要求。

（2）承包人应在供货商代表指导下，进行通信设备的安装工作。其工作内容包括通信设备机柜、电源柜、配线柜（箱）、电话分线盒、插座和电话机、维护管理工作站等。

（3）承包人应配合供货商代表进行通信系统的调试和测试，包括与电力系统、电信公网的联合调试工作。其调试和测试项目包括设备通电试验、系统性能测试、系统功能检查等。

（4）通信系统各单元工程的现场试验、系统联调和验收，应按 DL/T 5344—2006、YD 5079—2005、YD/T 5017—2005、YD 5077—1998、YD 5044—1997、GB 50172—1992、GB 50171—1992、GB 50374—2006、GB 50168—2006 和 GB 50169—2006 等规范及本章第 23.1.12 条的规定进行。

23.13 电缆线路安装

（1）电缆线路安装前，承包人应编制电缆统计清册和敷设路径图，提交监理人。

（2）电缆管及桥架、支架应安装牢固、整齐，接地良好。

（3）电缆的配线和敷设，以及电缆终端与接头制作，应遵守 GB 50168—2006 第 5 章和第 6.2 节的规定。当采用机械敷设电缆时，应控制电缆承受的拉力、敷设速度不超过供货商技术文件和 GB 50168—2006 第 5.1 节的规定。

（4）直埋电缆在直线段每隔 50～100m 处及电缆接头、转弯、进入建筑物等处，均应设置明显的方位标志或标桩。

（5）屏蔽电缆和铠装电缆的屏蔽层，应按施工安装图纸要求的接地方式可靠接地。

（6）布放光缆及光钎熔接应按光钎供货商规定的工艺方法、采用专用设备进行熔接。

（7）电缆线路的检查、试验和验收，应按 GB 50168—2006、GB 50169—2006 等规范及本章第 23.1.12 条的规定进行。

23.14 厂内起重设备安装

23.14.1 桥式起重机

（1）桥机轨道安装前，应测量和标定轨道安装基准中心线和安装高程，并核对检查轨道基础、吊车梁和安装埋件。轨道两端的车挡应定位准确。同跨同端的两个车挡与缓冲器应接触良好，轨道必须可靠接地。

（2）滑接线支架的水平高程应定位准确，并与埋件焊接牢固。

（3）桥机安装完毕后，承包人应清理各部位的锈蚀、脏斑、尘土等杂物，修补设备涂料。转动部件重新注入润滑油、脂。

（4）按合同约定，承包人应编制桥机负荷试验大纲，提交监理人批准。试验大纲的内容包括提供负荷试验设施、试验前检查、空载试验以及静、动负荷试验和多机联动试验等。

（5）承包人应会同监理人和供货商代表共同按批准的试验大纲进行负荷试验，并邀请当地特种设备质监部门参加。承包人应在负荷试验后，编制桥机负荷试验成果报告，经各方签认后，提交监理人。

（6）桥机的机械、电气设备及轨道的检查、试验和验收，应按 GB 50278—1998、GB/T 10183—2005 和 GB 50256—1996 等规范及本章第 23.1.12 条的规定进行。

23.14.2 单梁电动葫芦安装

单梁电动葫芦的葫芦设备、电气控制设备、轨道、车挡等的安装及其检查、试验和验收参照本章第 23.14.1 条有关规定执行。

23.15 通风及空气调节系统安装

（1）承包人应在供货商代表的指导下，按施工安装图纸、供货商技术文件以及有关规范的规定，进行以下通风及空调系统的制作和安装：

1）各类金属与非金属风管、钢板预埋风管的制作和安装；

2）风管部件与消声器的制作和安装；

3）各类风机和空调设备的安装；

4) 空调制冷设备、空调水系统设备及其附件的安装；

5) 通风及空调系统的防腐与绝热保护措施等。

(2) 通风、空调设备均应有产品合格证；消防设备还应持有消防产品合格证。

(3) 管道系统安装完毕后，应按施工安装图纸、本章第23.2.8条要求进行耐压试验。

(4) 制冷设备应进行严密性耐压试验和试运行。对组装式制冷机组和现场充注制冷剂机组，必须进行吹污、气密性试验、真空试验和充注制冷剂检漏试验。

(5) 消防产品安装前，应进行电气试验，对有消防要求的防火阀、排烟阀等应进行逐台通电试验，试验合格才能安装

(6) 在通风与空调系统的调试及试运行前，承包人应编制系统调试方案提交监理人批准。系统调试方案的内容包括设备单机试运行、系统无负荷联合试运行、风管的渗漏检查、水管试压检漏，以及系统的综合能效调试等。调试结束后，承包人提交系统调试成果报告。

(7) 对已安装完成的防火、防烟和排烟系统，应按施工安装图纸要求，对每个系统进行分步试验以及其它项目试验。在完成每个系统试验后，应按消防控制系统的要求，进行消防系统的调试。调试结束后，承包人提交消防系统调试成果报告。

(8) 通风和空调系统的检查、试验和验收，应按 GB 50242—2002、GB 50243—2002、GB 50274—1998、GB 50275—1998、GB 50235—1997、GB 50231—1998、JGJ 141—2004等规范及本章第23.1.12条的规定进行，其中有关消防系统的调试成果报告应经消防主管部门签证。

23.16 建筑给排水系统安装

(1) 承包人应按施工安装图纸、供货商技术文件要求，负责建筑给排水系统设备及附件的采购、制作、安装和调试。给排水构筑物施工，还应遵守 GB 50141—2008 的规定。

(2) 管道防腐、保温要求应满足施工安装图纸的要求，并遵守 GB 50242—2002 的规定。

(3) 生活给水管道系统安装后应进行冲洗，生活饮用水的输送管道，应遵守 GB 5749—2006 的规定。给水管道安装完毕后应按施工安装图纸和 GB 50242—2002 的规定进行试压和检漏；安装在主干管上起切断作用的闭路阀门，应逐个作强度或严密性耐压试验。

(4) 排水主立管及水平干管管道均应做通球试验，通球球径不小于排水管道管径的2/3，通球率必须达到100%。

(5) 隐蔽或埋地的排水管道在隐蔽前、室内雨水管道安装后，应做灌水试验，试验要求可参照本技术条款第22章第22.3.4条的有关规定。

(6) 生活污水和含油污水在调试阶段不得随意排放，经水质处理达到标准后，才能排放。

(7) 给排水管道和设备的检查、试验和验收，应按 GB 50242—2002、GB 50141—2008、GB 50275—1998、GB 50231—1998 等规范及本章第23.1.12条的规定进行。

23.17 消防系统安装

23.17.1 消防给水系统

(1) 本系统安装工作内容包括消防水池、消防水泵及其配套设备，以及电气控制设

备等。

(2) 承包人应在供货商代表的指导下,进行消防设备及其附件的安装和调试。安装调试人员应具有相应等级的资质证书。

(3) 消防设备均应经国家质量监督检验中心认证,并由当地消防部门认可的合格产品。

(4) 消防产品应进行外观检测及电气试验。对有消防电气控制要求设备应逐台通电试验。

(5) 承包人应负责消防给水系统的调试,调试方案应经监理人批准。消防给水管道应进行耐压试验;室内消火栓应进行试射试验。

(6) 消防给水系统,应由承包人会同监理人供货商代表和当地消防部门代表共同进行联动试验和消防给水系统安装验收,并由承包人编写安装验收报告,提交监理人。

(7) 消防给水系统的检查、试验和验收,应按 GB 50141—2008、GB 50231—1998、GB 50275—1998、GB 50261—2005、GB 50268—2008、DL 5027—1993 等规范及本章第 23.1.12 条的规定进行。

23.17.2　气体灭火系统

(1) 气体灭火系统的安装工作内容包括灭火剂储存器、选择阀及信号反馈装置、阀驱动装置、灭火剂输送管、喷嘴和其它附件以及电气控制设备等。

(2) 气体灭火系统的组件、管路及其附件均应具有产品合格证。安装单位和人员应持有消防工程施工安装相应等级的资质证书。

(3) 输气管道按有关规范规定,应进行耐压试验。

(4) 气体灭火系统安装完成后,应由承包人会同监理人、供货商代表和当地消防部门代表进行气体灭火系统的调试和联动试验,并由承包人编制联动试验报告,提交监理人。

(5) 气体灭火系统的检查、试验和验收,应按 GB 50263—2007 的规定、当地消防部门的要求及本章第 23.1.12 条的规定进行。

23.17.3　火灾自动报警系统（即消防监控及联动控制系统）

(1) 火灾自动报警系统的安装工作项目包括火灾自动报警装置和操作管理工作站等。

(2) 承包人应配合供货商代表和当地消防部门共同进行火灾自动报警系统的调试,以及自动报警系统与气体灭火系统、水喷雾灭火系统、防火系统、防烟和排烟系统等的联动调试。联动调试项目包括设备通电试验、联动试验、系统功能测试等。

(3) 火灾自动报警系统的检查、试验和验收,应按 GB 50166—2007、GB 50263—2007、GB 50261—2005、GB 50171—1992 等规范及本章第 23.1.12 条的规定进行。

23.17.4　电缆防火封堵

(1) 电缆防火封堵,应遵守 GB 50168—2006 第 7 节的有关规定。防火封堵材料应遵守现行行业标准 GA 161—1997 的规定。

(2) 电缆防火封堵墙安装完毕后,承包人应会同监理人、供货商代表和当地消防部门代表,共同进行电缆防火封堵的验收。并由承包人编写安装验收报告,提交监理人。

23.17.5　消防系统的联合检查和试验验收

(1) 消防系统的各单元系统全部安装和调试完成后,承包人应在当地消防部门的指导下,会同监理人和供货商代表,共同进行联合检查和验收。

(2) 联合检查的试验项目包括雨淋阀动作试验和变压器、贮油罐水喷雾试验;气体灭火系统模拟动作试验；火灾自动报警系统与消防给水系统、气体灭火系统与防火、防烟排烟系统的模拟联动试验等。

（3）承包人应负责编制消防系统安装验收报告，提交监理人，并经有关各方签字后，作为消防系统安装的完工验收资料。

23.18 机组启动试运行

23.18.1 承包人的启动试运行职责

（1）参加机组启动验收委员会及试运行工作组的工作。负责编写机组启动试验和试运行大纲等有关技术文件，并实施机组启动试验、试运行和检修工作。

（2）参加由试运行工作组组织的机组启动前的检查验收工作，并负责做好检查验收记录。

（3）负责或配合供货商代表、按供货商提供的机组调试程序、DL/T 507—2002、GB/T 8564—2003、SL 223—2008 以及经机组启动验收委员会批准的机组启动试验大纲和计划安排，进行机组启动试验和试运行工作。

（4）编写机组启动试验简报。

（5）编写机组启动试验报告和试运行工作报告，提交机组启动验收委员会批准。

23.18.2 机组启动试运行前的检查

（1）机组启动试运行前，经试运行工作组检查机组已具备启动验收条件，确认引水、尾水系统及机组设备均已完成了规定的各项试验、验收工作，证明已能满足试运行需要。

（2）试运行的各项安全措施均已按试运行试验文件的要求落实到位。

23.18.3 机组启动试运行

（1）遵照本章第23.18.1条的规定，进行机组启动试验和试运行工作：

1）检查机组充水试验和空载试运行；
2）检查机组带主变压器与高压配电装置试验和并列及负荷试验；
3）机组带负荷连续运行，以及连续运行结束后消缺处理情况；
4）进行机组带负荷连续运行，其运行要求应遵守 SL 223—2008 第6.5.5条的规定。

（2）上述机组启动试运行工作全部完成后，应由承包人编写机组带负荷连续运行情况报告，提交机组机组启动验收委员会。

23.19 完工验收

机电设备安装全部完成后，承包人应向监理人申请机电设备安装工程的完工验收，并提交以下完工资料：

（1）机电设备安装项目清单及相关技术文件。

（2）安装竣工图及相关竣工资料。

（3）安装用材料和外购件的产品质量证明书和使用说明书。

（4）重要组件焊接工艺报告。

（5）各项机电设备和单元工程安装的检查、试验和验收记录。

（6）机电设备缺陷、修复及检验记录。

（7）机组启动试验和试运行报告。

(8) 质量事故处理报告。

(9) 机组及其相关机电设备的交接清册（包括备品、备件及专用工器具等）。

(10) 列入保修期继续施工的尾工项目清单。

(11) 监理人要求提交的其它完工资料。

23.20 计量和支付

(1) 本章第 23.3～23.17 节各项设备的安装，按施工图纸所示设备数量以相应的单位计量，按《工程量清单》相应项目的工程单价或总价支付。

(2) 上款所述《工程量清单》的总价项目，由承包人按批准的安装进度计划对总价项目进行分解，分解结果经发包人批准后作为合同支付的依据。

(3) 由承包人按合同要求采购的装置性材料及其安装，按施工图纸所示装置性材料的有效数量以相应单位计量，由发包人按《工程量清单》相应项目有效工程量的工程单价或总价支付。

(4) 承包人为本合同机电设备安装工作所进行的开箱检查、验收、清扫、仓储保管、安装现场运输、主体设备及随机成套供应的管路与附件安装、涂装、现场试验、调试、试运行和移交生产前的维护保养等工作所需的费用，包含在《工程量清单》相应机电设备安装项目的工程单价或总价中，发包人不另行支付。

(5) 除本合同专项列入《工程量清单》的临时工程和措施项目外，承包人为完成机电设备安装而修建的其它临时工程和采取的其它措施所需的费用，包含在《工程量清单》相应机电设备安装项目的工程单价或总价中，发包人不另行支付。

附：本工程机电设备安装项目见表 23-1

表 23-1　　　　　　　　　　本工程机电设备安装项目表

编号	机电设备项目名称	计量单位	数量	主要技术特性	供货商

说明　1. 本工程机电设备安装项目表由发包人负责填写；
　　　2. 机电设备安装项目表的编目顺序，应按发包人纳入机电设备安装工程合同要求的全部机电设备，参照本章第 23.3～23.17 节的顺序，按节为单元编列；
　　　3. 主要技术特性：为机电设备的型号、规格、主要技术参数和必要的电站参数等。

第24章 工程安全监测

24.1 一般规定

24.1.1 应用范围

本章规定适用于本合同施工图纸所示的主体工程、临时工程的安全监测仪器设备的采购、安装、调试、埋设、验收和施工期监测。

24.1.2 承包人责任

（1）承包人应负责本工程监测仪器设备的采购、运输和保管；监测仪器设备的检验、安装、调试、埋设和维护；施工期监测及建筑物安全评价等。

（2）承包人应负责保护监测仪器设备。在工程施工中和在合同约定的保修期内，发生已安装埋设的监测仪器设备遭受损坏，承包人应按监理人指示及时予以修理或置换。

（3）本合同所列项目全部完成并经验收合格后，所有监测仪器设备、全部监测原始数据及监测资料（包括电子文档），应完好地移交给发包人。

24.1.3 主要提交件

（1）监测仪器设备采购计划

合同约定由承包人负责采购的监测仪器设备，承包人应在监测仪器设备安装前，按工程量清单所列项目和施工图纸的要求，编制监测仪器设备采购计划，提交监理人批准，其内容包括：

1）监测仪器设备采购清单；
2）各项仪器设备的计划到货时间；
3）主要仪器设备的产品样本和询价资料；
4）监理人要求提交的其它资料。

（2）监测仪器设备安装埋设技术措施

承包人应按监理人指示，编制监测仪器设备安装埋设和维护技术措施，提交监理人批准，其内容包括：

1）监测仪器设备编码及其电缆标识规则；
2）监测仪器设备安装埋设方法和程序；
3）监测仪器设备安装埋设详图；
4）施工期监测仪器设备的维护措施；
5）质量和安全保证措施；
6）监测仪器设备安装埋设与工程建筑物施工的协调安排和要求。

（3）安装埋设记录和质量检查报表

承包人应在施工过程中，及时向监理人提交仪器设备安装埋设的施工记录和质量检查报表，其内容包括：

1）监测仪器设备安装埋设前、后的测试和调试记录；

2）仪器设备安装、埋设和调试记录；安装埋设质量检查表和监理人签证表；

3）施工期监测记录；

4）质量事故处理记录。

（4）施工期监测规程

承包人应在监测工作开始前，编制监测规程提交监理人批准，其内容包括：

1）监测点、观测站的位置和埋设时间；监测仪器的监测方法、频次、读数仪表、测读精度控制以及测值换算公式。

2）监测仪器设备的监测方法、监测检查程序；监测仪器设备的维护、保护技术措施。

3）各监测点监测仪器的基本资料的及监测记录整理、整编和分析方法。

（5）施工期监测资料整编及成果分析报告

承包人应在全部监测设施移交前，按监理人指示提交监测月报、年报，包括原始监测记录在内的监测资料整编及成果分析报告，提交监理人。

24.1.4 引用标准

（1）《国家一、二等水准测量规范》（GB/T 12897—2006）；

（2）《国家三角测量规范》（GB/T 17942—2000）；

（3）《水位观测标准》（GBJ 138—1990）；

（4）《国家三、四等水准测量规范》（GB 12898—1991）；

（5）《大坝安全自动监测系统设备基本技术条件》（SL 268—2001）；

（6）《水利水电工程岩石试验规程》（SL 264—2001）；

（7）《土石坝安全监测资料整编规程》（SL 169—1996）；

（8）《土石坝安全监测技术规范》（SL 60—1994）；

（9）《水电水利工程岩体观测规程》（DL/T 5006—2007）；

（10）《混凝土坝安全监测资料整编规程》（DL/T 5209—2005）；

（11）《混凝土坝安全监测技术规范》（DL/T 5178—2003）；

（12）《中短程光电测距规范》（DL/T 16818—1997）；

（13）《水利水电工程施工测量规范》（DL 52—1993）；

（14）《地震监测管理条例》国务院令第 409 号。

24.2 监测仪器设备的采购、检验和安装埋设

24.2.1 监测仪器设备的采购

（1）除合同另有约定外，承包人应在发包人的监督下，按工程量清单所列项目，对所有监测仪器设备进行招标采购。承包人应按本合同技术条款和施工图纸的规定，采购仪器设备及其安装附属材料等。

（2）招标采购的国产仪器设备生产厂家必须持有《制造计量器具许可证》和《工业产品生产许可证》。进口仪器设备必须经省级以上计量主管部门检定，并持有生产厂家的相关标准校准度和检验合格证书。

（3）监测仪器使用的电缆应是能负重、防水、防酸、防碱、耐腐蚀、质地柔软的水工观测专用电缆，其芯线应为镀锡铜丝，适应温度范围在 $-20 \sim 60 \degree C$ 之间。电缆芯线应在 100m 内无接头。

(4) 承包人应在监测仪器设备安装前,将采购的仪器设备的详细资料提交监理人审核,应提交的仪器设备资料包括:

1) 仪器设备采购清单(包括型号、规格和主要技术指标);
2) 仪器设备制造厂名称、生产许可证和仪器设备使用说明书;
3) 仪器设备的检验和测试规程;
4) 仪器设备安装和埋设方法;
5) 监理人要求提交的其它资料。

(5) 承包人应按合同约定,配备必要的备品备件,其费用应已包括在上述采购合同内。

24.2.2 监测仪器设备的检验和验收

(1) 承包人应要求生产厂家在监测仪器设备出厂前,完成全部监测仪器设备的调试、检验和率定等工作。每项设备均应提交检验合格证书。

(2) 监测仪器设备运至现场后,承包人应按本技术条款和施工图纸要求,对生产厂家提供的全部监测仪器设备进行检验和验收。

(3) 所有光学、电子测量仪器必须经批准的国家计量和检验部门进行检验和率定,检验合格后才能进行安装。超过检验有效期的,应重新检验。检验成果应提交监理人。

(4) 承包人应会同监理人对监测仪器设备进行全面测试,对电缆还应进行通电测试及防水检验。其测试记录应提交监理人。

(5) 承包人应根据检验结果编写仪器设备检验报告,并应在仪器设备开始安装前,提交监理人审核确认合格后进行安装埋设。

24.2.3 监测仪器设备的安装埋设

(1) 承包人应将监测仪器设备的埋设计划列入建筑物的施工进度计划中,以便及时提供工安装埋设作面,协调好与建筑物施工的相互干扰。

(2) 仪器设备安装和埋设中应使用经批准的编码系统,对各种仪器设备、电缆、监测断面、控制坐标等进行统一编号。每支仪器均须建立档案卡和基本资料表,并将仪器资料按发包人指定的格式录入计算机仪器档案库中。

(3) 承包人应严格按批准的监测仪器设备布置与生产厂家的使用说明书进行安装和埋设。若监理人检查发现埋设的仪器设备失效,有权指示承包人应立即置换。

(4) 仪器电缆的敷设应按施工图纸和生产厂家说明书进行,尽可能减少接头,拼接和连接接头。承包人应在所有仪器的电缆上加设至少3个耐久、防水、间距为20m的标签,以保证识别不同仪器所使用的电缆。

(5) 仪器设备及电缆安装埋设后,承包人应会同监理人在规定的时间内进行检查,并提交检查报告。经监理人验收合格后,由承包人测读初始值提交监理人。

(6) 每支仪器安装和埋设后,承包人应将仪器的安装埋设考证表提交监理人。

(7) 在施工过程中,承包人应保护好所有仪器设备(包括电缆)和设施,包括为保护部位提供保护罩、保护标志和路障等。未完成管道和套管的开口端应及时加盖。

24.3 施工期安全监测及其监测资料整编

24.3.1 施工期安全监测

(1) 监测仪器设备安装埋设完毕后,承包人应及时记录初始读数,并按监理人批准的监测规程负责施工期的全部安全监测工作，直至向发包人移交全部监测设施为止。

（2）若按合同约定，由发包人负责施工期安全监测，则承包人应在监测仪器设备安装埋设完毕，建立初始读数和正常运行＿＿＿天后，经监理人检验合格，由承包人将监测仪器设备，连同监测仪器设备的档案卡、安装埋设考证表和验收资料等全部移交给发包人。

（3）施工期监测数据的采集工作必须按照监测规程规定的监测项目、测次和时间进行。必要时，还应根据实际情况和监理人指示，适当调整监测次数和时间。

（4）承包人应对埋有监测仪器设备的工程建筑物进行巡视检查，并应将检查项目和巡检计划，提交监理人。巡检内容包括：

1）按指定的格式作好日常巡检记录，并编制报表提交监理人。

2）年度巡检应在每年汛期进行，发现安全隐患应立即报告监理人。巡检结束后应按监理人指定的格式提交巡检报告。

3）如发生暴雨、大洪水、有感地震、库水位骤升骤降、持续高水位以及建筑物出现其它异常等情况时，应进行特别巡检，并按监理人指示增加测次。特别巡检结束后，应及时将特别巡检报告提交监理人。

24.3.2　施工期安全监测资料的整编

（1）承包人应将监测仪器埋设的竣工图、各种原始数据和有关文字、图表（包括影像、图片）等资料，综合整理成安全监测成果，汇编成册。

（2）承包人应在每次监测后立即进行原始数据记录的检验和分析、监测物理量的换算，以及异常值的判别等工作。如遇天气、施工等原因，造成监测数据突变时，应加以说明。

（3）经检查检验后，若判定监测数据不在限差以内或含有粗差，应立即重测；若判定监测数据含有较大的系统误差时，应分析原因，并设法减少或消除其影响。

（4）承包人应按监理人指示进行监测资料的整编工作。整编内容包括：

1）工程建筑物安全监测工作总报告。

2）工程建筑物安全监测要求和安全监测措施计划等的有关文件。

3）仪器型号、规格、技术参数、工作原理和使用说明的仪器资料以及测点布置和仪器埋设的原始记录，仪器维护记录等。

4）日常监测和巡检的原始记录、报表和报告，包括特征值汇总表、每个测点监测数据过程线、监测成果分析资料、物理量计算成果及各种图表等。

5）其它相关资料：包括工程安全检查报告、事故处理报告、仪器设备管理档案，以及工程竣工安全鉴定结论、咨询会议记录以及意见和建议等。

（5）所有监测资料要求按发包人指定的格式或按 SL 169—1996 指定的格式建立数据库，输入计算机。用磁盘或光盘备份保存并刊印成册。

24.4　质量检查和验收

24.4.1　监测仪器设备的检查和交货验收

承包人采购的全部监测仪器设备应按采购项目清单进行检查和交货验收，并应同时将监测仪器设备的出厂检验测试报告和产品合格证书提交监理人。

24.4.2　监测仪器设备安装埋设质量的检查和验收

每项工程建筑物的安全监测仪器设备安装埋设完毕后，承包人应会同监理人立即对仪器设备的安装埋设质量进行检查、检验和验收，经监理人检查确认其质量合格后，才能允许工程建筑物继续施工，并立即进行监测工作。

24.4.3 完工验收

（1）全部监测仪器设备安装埋设完毕后，承包人应在进行工程建筑物完工验收的同时，申请对本工程安全监测项目进行完工验收，并向监理人提交以下完工资料：

1）监测仪器设备清单（包括编号、部位、仪器名称、起测日期、目前状态等）；

2）监测仪器设备的检验和安装埋设记录；

3）监测仪器设备安装埋设竣工图；

4）监测资料整编分析报告（包括监测仪器特征值汇总表、各测点的数据过程线）。

（2）本合同工程建筑物全部完成，并经验收合格，全部监测仪器设备及其监测原始数据及资料（包括电子文档）应完好地移交发包人。

（3）全部监测仪器设备的保修期与工程保修期相同。保修期内承包人应按工程建筑物安全监测设计要求，负责维护全部仪器设备的应用性能，一旦由于仪器自身或埋设原因发生仪器设备失效，应由承包人负责更换。对无法更换的埋置设备，应及时报告监理人，并按监理人指示，采取补救措施，设法满足安全监测数据的采集要求。

24.5 计量和支付

（1）监测仪器设备的采购及安装，按施工图纸所示仪器设备的数量以相应的单位计量，由发包人按《工程量清单》相应项目有效工程量的工程单价支付。

（2）监测仪器的电缆的采购及敷设，按施工图纸所示的有效敷设长度以米为单位计量，由发包人按《工程量清单》相应项目有效工程量的每米工程单价支付。

（3）承包人按合同要求完成施工期安全监测（包括巡视检查和现场监测）、设备维护、资料记录和整理、资料分析、建模建库、安全评价等工作所需的费用，由发包人按《工程量清单》相应施工期安全监测项目总价支付。

（4）观测墩、水准点及其它测量标志观测墩，按施工图纸所示尺寸计算有效墩体体积以立方米为单位计量（或以施工图纸所示墩体数量以个为单位计量），由发包人按《工程量清单》相应项目有效工程量的每立方米（或个）的工程单价支付。

（5）水位观测孔、扬压力测孔、坝基温度测孔等钻孔，按施工图纸所示尺寸计算有效钻孔深度以米为单位计量，由发包人按《工程量清单》相应项目有效工程量的每米工程单价支付。

（6）多点位移计钻孔、滑动测微计钻孔、固定测斜仪钻孔、倒垂孔、双金属标孔等取芯钻孔，按施工图纸所示尺寸计算有效钻孔深度以米为单位计量，由发包人按《工程量清单》相应项目的每米工程单价支付。由于承包人失误未按本技术条款相关规定取得有效芯样的钻孔，发包人不予支付。

（7）观测房以施工图纸所示尺寸计算的有效建筑面积以平方米为单位计量，由发包人按《工程量清单》相应项目的每平方米工程单价支付。